AF325231

THÈSES

PRÉSENTÉES

A LA FACULTÉ DES SCIENCES DE PARIS

POUR OBTENIR

LE GRADE DE DOCTEUR ÈS SCIENCES NATURELLES

PAR

Henri SICARD

Professeur agrégé à la Faculté de médecine de Montpellier,
Ancien élève de l'École des hautes études (section des sciences naturelles).

1re **THÈSE**. — RECHERCHES ANATOMIQUES ET HISTOLOGIQUES SUR LE
ZONITES ALGIRUS.

2e **THÈSE**. — OBSERVATIONS SUR QUELQUES ÉPIDERMES VÉGÉTAUX.

Soutenues le   novembre 1874 devant la Commission d'examen.

MM. MILNE EDWARDS   *Président.*
HÉBERT
DUCHARTRE   *Examinateurs.*

PARIS

G. MASSON, ÉDITEUR

LIBRAIRE DE L'ACADÉMIE DE MÉDECINE

PLACE DE L'ÉCOLE-DE-MÉDECINE

1874

ACADÉMIE DE PARIS

FACULTÉ DES SCIENCES DE PARIS

Doyen· . . . . MILNE EDWARDS, Professeur. Zoologie, Anatomie, Physiologie comparée.

Professeurs honoraires. { DUMAS.
BALARD.

Professeurs· . . . . . . {

DELAFOSSE. . . . . Minéralogie.
CHASLES. . . . . Géométrie supérieure.
LE VERRIER. . . . . Astronomie.
P. DESAINS. . . . . Physique.
LIOUVILLE. . . . . Mécanique rationnelle.
PUISEUX. . . . . Astronomie.
HÉBERT. . . . . Géologie.
DUCHARTRE. . . . . Botanique.
JAMIN. . . . . Physique.
SERRET. . . . . Calcul différentiel et intégral.
H. SAINTE-CLAIRE DEVILLE. Chimie.
DE LACAZE-DUTHIERS . . . Anatomie, Physiologie comparée, Zoologie.
BERT. . . . . Physiologie.
HERMITE. . . . . Algèbre supérieure.
BRIOT . . . . Calcul des probabilités, Physique mathématique.
BOUQUET. . . . . Mécanique physique et expérimentale.

Agrégés· . . . . {

BERTRAND. . . . . } Sciences mathématiques.
J. VIEILLE . . . . }
PELIGOT. . . . . Sciences physiques.

Secrétaire· . . . . . . PHILIPPON.

PREMIÈRE THÈSE

RECHERCHES

ANATOMIQUES ET HISTOLOGIQUES

SUR LE

ZONITES ALGIRUS

A

M. MILNE EDWARDS

MEMBRE DE L'INSTITUT, DU CONSEIL SUPÉRIEUR DE L'INSTRUCTION PUBLIQUE
DOYEN DE LA FACULTÉ DES SCIENCES DE PARIS
PROFESSEUR-ADMINISTRATEUR AU MUSÉUM D'HISTOIRE NATURELLE
COMMANDEUR DE LA LÉGION D'HONNEUR

Hommage respectueux et reconnaissant.

RECHERCHES

ANATOMIQUES ET HISTOLOGIQUES

SUR LE

ZONITES ALGIRUS

Par M. H. SICARD.

Ce n'est pas de propos délibéré que nous avons entrepris l'étude spéciale du Gastéropode auquel ce travail est consacré, car, à priori, nous n'aurions pas supposé qu'il pût être l'objet de recherches intéressantes. Tant de travaux ont eu pour objet des espèces voisines, dont l'anatomie a été étudiée avec un soin extrême par les naturalistes les plus éminents, qu'il n'était guère probable en effet que tout n'eût pas été dit sur ce sujet. Aussi, quand notre attention s'est portée sur cette espèce particulière à notre région méditerranéenne, nous ne songions d'abord à vérifier sur elle que quelques points de l'anatomie générale des Gastéropodes ; mais, frappé bientôt par un certain nombre de particularités que nous présentait son organisation, et surpris en même temps de voir que, dans la bibliographie malacologique si riche à tant d'autres égards, il n'y avait presque rien qui eût trait à cette espèce, nous avons pensé qu'il ne serait pas inutile de combler cette lacune. En outre, le *Zonites algirus* nous a paru présenter dans sa structure des conditions favorables à l'étude de quelques questions délicates d'histologie, pour la solution desquelles on ne saurait accumuler trop d'observations. Nos recherches, poursuivies dans cet esprit, nous ont conduit à quelques résultats qui apporteront, nous l'espérons, une donnée de plus à la connaissance générale des Gastéropodes : « *Parva quidem,* » *sed sine quibus maxima non possunt consistere.* » (Quint.) Notre tâche n'a pas été cependant sans nous présenter de nombreuses

difficultés, et elle a surtout exigé de nous une persévérance qui
nous aurait peut-être fait défaut, si nous n'avions trouvé l'appui
le plus bienveillant dans notre illustre maître M. le professeur H. Milne Edwards; nous le prions de recevoir l'expression
de toute notre reconnaissance pour le constant intérêt qu'il
nous a montré depuis le jour où il nous accueillit dans son labo-
ratoire.

CONSIDÉRATIONS GÉNÉRALES ET HISTORIQUES.

Le *Zonites algirus*, Zonite peson, appartient à la classe des
Gastéropodes, à l'ordre des Pulmonés, à la section des Inoper-
culés, à la famille des Hélicidés. Ce genre a été distingué du genre
Helix par Denys de Montfort (1). qui l'avait établi d'après la
forme de la coquille déprimée, planorbique, plus ou moins largement ombiliquée, à bords tranchants. Certains auteurs donnent
à ce groupe le nom d'*Helicella*, Lam., et le regardent comme
formant seulement un sous-genre (2). Moquin-Tandon admet le
genre *Zonites* et fait de l'espèce qui nous occupe un sous-genre,
qu'il appelle *Verticillus* (3).

Le *Zonites algirus* est une espèce de grande taille qui appartient à la région méditerranéenne, et qui est commune à Montpellier, où on l'appelle vulgairement *Bertel*. Sa coquille a été
minutieusement décrite par les conchyliologistes, mais l'anatomie de l'animal n'a été qu'imparfaitement étudiée. Le seul travail spécial qui lui ait été consacré consiste dans un mémoire de
Van Beneden publié en 1836 (4). Erdl a fait une étude particulière de son système circulatoire, mais nous n'avons pu nous procurer ce travail qui a pour titre : *Dissert. inaug. de Helicis algiræ
vasis sanguiferis* (1840, Munich). Nous ne le connaissons que par

(1) Denys de Montfort, *Conch. syst.*, t. II, p. 283. Paris, 1810.

(2) Woodward, *Manuel de conchyliologie*, trad. par A. Humbert, p. 300. Paris,
1870.

(3) Moquin-Tandon, *Histoire naturelle des Mollusques terrestres et fluviatiles de
France*, t. II, p. 91. Paris, 1855.

(4) Van Beneden, *Mémoire sur l'anatomie de l'Helix algira* (*Ann. sc. nat.*, 2ᵉ série,
t. V, p. 278).

la mention qu'en font Siebold et Stannius dans leur *Anatomie comparée* (1). On voit que les recherches de Erdl n'ont porté que sur un point de l'anatomie de l'*Helix algira*, sur le système circulatoire.

Dans son *Histoire naturelle des Mollusques terrestres et fluviatiles de France*, Moquin-Tandon, en faisant l'anatomie des animaux de cette classe, donne quelques détails sur le *Zonites algirus;* mais dans une étude générale comme la sienne, il ne pouvait s'en occuper qu'incidemment, et s'il a indiqué quelques particularités de sa structure, il y en a bon nombre parmi les plus intéressantes dont il ne fait pas mention. De même dans les traités généraux relatifs à cette branche de la zoologie, on ne trouve au sujet du *Z. peson* que des renseignements épars, empruntés presque toujours au mémoire que nous avons cité de Van Beneden. Ce mémoire à lui seul forme pour ainsi dire toute la bibliographie de la question, et nous devons nous y arrêter un moment.

L'étude que l'éminent zoologiste belge a faite du *Zonites algirus* est très-sommaire; il passe rapidement en revue les différents systèmes nerveux, musculaire, digestif, circulatoire, générateur, mais il s'arrête seulement aux traits principaux que présente leur structure. C'est ainsi qu'en parlant de la masse ganglionnaire sous-œsophagienne par exemple, il mentionne qu'elle est composée de quatre ganglions, ce qui n'est pas exact, et il signale l'existence des nombreux filets qui en partent pour se rendre, soit dans les principaux viscères, soit dans les muscles, mais sans entrer dans aucun détail descriptif.

Dans les mémoires de l'immortel Cuvier sur l'anatomie de Mollusques (2), celui qui traite de la Limace et du Colimaçon a fait connaître l'organisation de ces Gastéropodes dans ce qu'elle a d'essentiel, et les recherches du grand naturaliste ayant porté sur l'espèce connue sous le nom de *Pomatia*, on comprend que

______

(1) De Siebold et H. Stannius, *Anatomie comparée*, trad. par Spring et Lacordaire t. I, p. 322, note 2, et p. 325, note 4.

(2) Cuvier, *Mémoires pour servir à l'histoire et à l'anatomie des Mollusques*. Paris, 1817.

                 H. SICARD.

Van Beneden ait eu principalement en vue de montrer les différences que lui avait offertes l'anatomie de l'*algira*. C'est à cela, en effet, que tend son mémoire, qu'il termine par une comparaison de l'*H. Pomatia* avec l'*H. algira*, et ces différences sont résumées par lui dans les termes suivants :

« 1° Il y a deux ganglions représentant le cerveau dans l'*Helix algira* et quatre ganglions inférieurement ; il n'y a qu'un anneau nerveux sans ganglions distincts, si ce n'est le supérieur et l'inférieur dans l'*Helix Pomatia*.

» 2° Le nombre véritable de filets nerveux sortant de l'anneau nerveux est beaucoup plus considérable et les filets plus ténus dans l'*Helix Pomatia* que dans l'*Helix algira*.

» 3° Les glandes salivaires entourent l'œsophage dans l'*algira* et l'estomac dans l'*Helix Pomatia*.

» 4° L'appendice de la verge est beaucoup plus long, de même que le conduit de la vessie du pourpre dans l'*Helix Pomatia*.

» 5° Il n'y a point de dard dans l'*algira*, et la poche qui le contient sert de conduit dans l'*algira* aux organes femelles.

» 6° Les vésicules multifides sont représentées par un corps glandulaire sans aucun appendice dans l'*Helix algira*.

» 7° La bourse du pourpre est libre et flottante au bout de son canal dans l'*Helix Pomatia* et adhérente à l'oviducte dans l'*Helix algira* (1). »

Plusieurs des données sur lesquelles reposent ces propositions sont inexactes, comme on le verra par la suite ; cependant les différences signalées par Van Beneden entre les deux espèces existent en réalité, et sont seulement plus profondes qu'il ne le croyait. Pour les diverses parties de l'appareil générateur, ce naturaliste a employé les dénominations de Cuvier ; mais remarquons que ce n'est pas sans faire quelques réserves. Il dit en effet, en parlant des organes sécréteurs des œufs et du sperme : « Je n'ai point jusqu'à présent la conviction que telle est la détermination précise qu'on doit donner des uns et des autres (2). » Ces réserves étaient justes, car on sait que depuis lors, à la suite

(1) *Loc. cit.*, p. 287.
(2) *Loc. cit.*, p. 283.

des travaux de Laurent, de Meckel, de Gratiolet, de Baudelot,
le véritable rôle de chaque organe a été reconnu. La glande que
Cuvier croyait être un ovaire a été appelée *glande hermaphrodite*, parce qu'elle produit à la fois des ovules et des spermatozoïdes; ce qui était pour lui un testicule est devenu la *glande de
l'albumine*; la vessie a pris le nom de *poche copulatrice*, etc.

Postérieurement au mémoire de Van Beneden, en 1847,
M. Dumas, aujourd'hui professeur à la Faculté de médecine de
Montpellier, envoya à l'Académie des sciences un travail sur
l'anatomie de l'*Helix algira*. Ce travail ne nous est connu que
par une courte analyse des commissaires : Flourens, Milne Edwards et Valenciennes, chargés de l'examiner (1). L'auteur, en
vue d'appliquer à la classification les données fournies par l'appareil générateur, a étudié la structure de cet appareil dans l'*Helix
algira*. Les principales particularités observées par lui sont :

Pour les organes mâles : le renflement du canal déférent ;
l'absence du prolongement flabelliforme, de la bourse à dard et
de son produit ; la présence sur toute la surface de la muqueuse
pénienne des papilles cornées décrites par Draparnaud.

Pour les organes femelles : l'absence des vésicules multifides
et celle de la vessie copulatrice.

Cette dernière assertion constitue une erreur. La poche copulatrice existe en effet dans l'*Helix algira :* c'est l'organe que Van
Beneden appelle *bourse du pourpre*. Elle est adhérente à l'oviducte, comme l'a indiqué cet auteur. et présente en outre une
configuration tout à fait particulière.

De son étude, M. Dumas conclut à la formation d'un genre
nouveau, pour lequel il propose le nom d'*Hélicode*.

Récemment, M. Ernest Dubrueil, dans un travail qui traite
de l'appareil générateur du genre *Helix* (2), s'est occupé de ces
organes dans le *Zonites algirus*, et il en a indiqué avec soin les
particularités anatomiques. Il a montré que dans cette espèce
dépourvue de flagellum, le spermatophore était sécrété par la

(1) *Comptes rendus de l'Académie des sciences*, 1847, t. XV, p. 113.
(2) E. Dubrueil, *Étude anatomique et histologique sur l'appareil générateur du genre
Helix. Montpellier. 1871.*

portion inférieure et plus large du canal déférent. et il a décrit
avec détail ce spermatophore.

La bibliographie ne nous fournit donc qu'un petit nombre de
travaux consacrés spécialement au *Zonites algirus*; mais nous
avons trouvé de précieuses indications en rapport avec l'objet de
nos recherches dans les études qui ont été publiées sur l'anatomie des Gastéropodes, et en particulier des espèces d'*Helix* voisines de l'*algira*. Parmi celles-ci figure au premier rang le célèbre
mémoire de Cuvier sur la Limace et le Colimaçon (1), qui forme
comme la base de nos connaissances sur l'organisation de ces
animaux. Sans compter les traités généraux, nous avons eu souvent recours aux ouvrages spéciaux s'occupant de tels ou tels
organes ou systèmes d'organes des Gastéropodes, et nous aurons
à citer les noms de Lamarck, de Blainville, Carus, Meckel,
Siebold, Milne Edwards, Leydig, Lacaze-Duthiers, Troschel, Gratiolet, Carl Semper, Baudelot, etc. Nous ne saurions ici les passer
en revue, ni même indiquer les points afférents à notre sujet
qu'ils ont mis en lumière; nous les mentionnerons donc au fur
et à mesure que l'occasion s'en présentera dans le cours de
ce travail.

ENVELOPPE CUTANÉE.

La peau du *Zonites algirus* est grisâtre, et semée de tubercules
plus foncés, peu saillants. Elle est recouverte d'une membrane
épithéliale (épiderme) formée de cellules prismatiques; ces cellules ont $0^{mm},03$ de longueur et $0^{mm},008$ de diamètre transversal
à la base : ce sont là du reste les dimensions ordinaires de ces
éléments. Le nucléus est ovale et volumineux. On reconnaît sur
la face libre de ces cellules une mince couche transparente, homogène, qui n'est autre chose que la *cuticule* (2).

Examiné à la face inférieure du pied, cet épithélium se présente avec la même forme et les mêmes dimensions; mais il est
muni de cils vibratiles qui ont $0^{mm},005$ de longueur. Ce fait

(1) *Loc. cit.*
(2) Voy. fig. 1.
ARTICLE N° 3.

paraît général dans les Hélices et les autres Gastéropodes terrestres (1). Au-dessous de cette membrane épithéliale, on trouve une couche de tissu conjonctif, sous laquelle on remarque par place des amas de corpuscules pigmentaires qui forment les taches polygonales disposées en séries sur le corps de l'animal. Dans cette couche conjonctive sous-épidermique se trouvent des glandes nombreuses qui lui ont valu la qualification de glandulaire.

Ces glandes cutanées sont de deux sortes. Meckel n'en avait reconnu qu'une seule espèce, et il les appelait improprement *glandes calcaires*, parce qu'il leur attribuait la sécrétion du carbonate de chaux ; elles sont bien mieux désignées sous le nom de *glandes muqueuses*, car elles sécrètent le mucus qui baigne la surface du corps de tous les Gastéropodes. Ces glandes folliculaires simples ont la forme de petites outres, et atteignent dans leurs dimensions jusqu'à $0^{mm},25$ de long et $0^{mm},15$ de large. On voit dans l'intérieur de ces follicules de petites cellules à contenu granuleux d'un diamètre de $0^{mm},01$ environ (2).

La seconde espèce de glandes a été signalée pour la première fois par Gray, qui en a reconnu la présence dans le bord du manteau de certains Gastéropodes (3). Elles ont été depuis étudiées par Carl Semper, qui les nomme *glandes pigmentaires* (4) (*Farbdrüse*), parce qu'en effet elles sécrètent une substance pigmentaire, comme l'avait indiqué Gray. Beaucoup plus petites que les précédentes, car elles ne mesurent que $0^{mm},05$ dans leur diamètre transversal, elles sont colorées en jaune chez le *Zonites algirus*, et ont du reste la forme qui leur est générale chez tous les Gastéropodes, c'est-à-dire celle d'un cul-de-sac allongé (5). Ce sont des glandes monocellulaires, car dans leur contenu gra-

(1) Leydig, *Traité d'histologie comparée*, trad. par Lahilonne, p. 114. — Siebold et Stannius, *loc. cit.*, t. I, p. 297.

(2) Voy. fig. 2 *a*.

(3) *London Medical Gazette*, 1837-1838, vol. I, p. 830 ; cité par Siebold et Stannius, *loc. cit.*, p. 299.

(4) Carl Semper, *Beiträge zür Anatomie und Physiologie der Pulmonaten*, in *Zeitschrift für wissenschaftliche Zoologie*, 1856, t. VIII, p. 344.

(5) Voy. fig. 2 *b*.

nuleux on ne trouve pas de cellules, et sous l'action de l'acide
acétique on voit apparaître un noyau assez gros, de couleur jaune
et d'aspect granuleux.

Sous-jacente à la couche conjonctive dont nous venons de
parler, et que l'on peut séparer facilement par macération, on
rencontre une trame forte et serrée de fibres musculaires entre-
croisées, dont la présence explique la contractilité remarquable
de la peau. Ce treillis musculaire forme la partie la plus importante du tégument externe.

« Les nerfs cutanés des Mollusques, dit Leydig (1), ne peuvent être suivis que chez les animaux transparents et non pourvus
de pigment, comme, par exemple, les Hétéropodes. » Nous avons
pu néanmoins les observer chez le *Zonites* ; il faut pour cela faire
macérer un lambeau de peau dans de l'eau additionnée de quelques gouttes d'acide acétique. On peut alors, sur une coupe faite
avec des ciseaux courbes, les distinguer au milieu des tissus
transparents, surtout si l'on place la préparation dans de la glycérine. Ces fines ramifications nerveuses ont un diamètre qui
varie de $0^{mm},02$ à $0^{mm},06$; elles sont formées d'une enveloppe
conjonctive parsemée de noyaux, et d'un contenu à l'aspect granuleux (2).

On sait que des dépôts calcaires existent dans le derme des
Helix, des *Limax* et de plusieurs autres Mollusques ; il y en a
également chez le *Zonites algirus*, où ce sel se présente sous forme
de corpuscules arrondis, ou parfois de petits cristaux. La présence du pigment masque souvent sur les préparations ces dépôts
de carbonate de chaux ; mais si l'on fait agir alors de l'acide
chlorhydrique, on verra se produire de l'effervescence et se former une bulle de gaz en un ou plusieurs points : ce phénomène
ne peut être dû qu'à la présence de corpuscules de carbonate.
On en trouve aussi dans le mucus qui humecte constamment la
surface de la peau, et parfois ces corpuscules ont des formes
cristallines très-nettes (3).

(1) Leydig, *loc. cit.*, p. 110.
(2) Voy. fig. 3.
(3) Voy. fig. 4.

Le mucus qui lubrifie la surface cutanée, et qui provient, avons-nous dit, des glandes muqueuses dermiques, est formé d'une matière fondamentale visqueuse et filante. On y remarque de nombreux corpuscules allongés en forme de bâtonnets, que Carl Semper a signalés le premier, et dont nous avons constaté l'existence dans le mucus du *Zonites*. La longueur de ces bâtonnets est de 0^{mm},025 environ. Ces corpuscules ne peuvent être distingués que sur du mucus tout frais, car ils s'altèrent et disparaissent rapidement sous l'action de l'air et de l'eau. Carl Semper les regarde comme des noyaux libres. « Bientôt, dit-il, je retrouvai ces formations dans les glandes muqueuses du derme, et je pus constater que c'étaient de vrais noyaux. Il semble donc que la sécrétion du mucus entraîne en même temps des cellules glandulaires, dont on ne peut ensuite retrouver que les noyaux (1). » Nous ferons observer à ce propos que parfois on trouve aussi de petites cellules dans le mucus, qui renferme en outre des granulations et des corpuscules pigmentaires en quantité plus ou moins grande, des globules d'une substance liquide très-réfringente et de couleur jaunâtre, et enfin quelques cellules épithéliales.

SYSTÈME MUSCULAIRE.

Nous avons vu qu'il entrait des fibres musculaires en très-grand nombre dans la composition de la peau, qui doit à leur présence sa remarquable contractilité. Ces fibres musculaires s'entrecroisent et forment une trame serrée ; leur prédominance parmi les éléments constitutifs de la peau peut faire considérer celle-ci comme partie du système musculaire.

Développés surtout à la région inférieure du corps de l'animal, ces muscles qui appartiennent à l'enveloppe tégumentaire forment là un organe qui sert essentiellement à la locomotion et qui est connu sous le nom de *pied*. C'est à l'aide de ce pied placé sous le ventre que rampent ces animaux, d'où la dénomination de Gastéropodes qui leur a été donnée. Comparé par de

(1) *Loc. cit.*, p. 342.

Blainville à une semelle, le pied a une forme très-allongée dans le *Zonites algirus*; sa face inférieure. ou *sole*, présente dans son milieu une zone plus lisse et d'une nuance plus claire que les bords qui l'entourent et qui sont marqués de fines ponctuations. Quand l'animal rampe, on voit se manifester dans cette zone médiane des ondulations qui résultent de la contraction des fibres musculaires; ces ondulations sont limitées à cette partie de la sole et ne se montrent pas sur les bords.

On voit à la face supérieure ce rebord qui entoure le pied, séparé du corps par un sillon bien marqué; il présente une coloration uniforme d'un gris ardoisé plus foncé que la teinte générale du corps de l'animal. A l'extrémité postérieure, il est fendu dans toute sa longueur; cette fente a été indiquée et représentée par Draparnaud (1) et par Férussac (2). Dans la constitution histologique de cette partie, les éléments glandulaires prédominent.

Muscles transverses du pied. — A la face supérieure du pied, au-dessous des viscères, on voit un nombre considérable de languettes musculaires qui sont placées transversalement et qui forment là comme une suite de brides contractiles allant d'un côté à l'autre de cet organe (3). Elles passent au-dessus d'un canal droit qui occupe la ligne médiane du pied, et dont l'existence dans les Arions, les Limaces, les Hélices, les Bulimes, etc., a été signalée par Kleeberg en 1829, au congrès des naturalistes de Heidelberg. Ce canal, qui règne dans toute la longueur du pied, va s'ouvrir au-dessous de la bouche par un large orifice. Il est tapissé d'un épithélium ciliaire, et de chaque côté sont rangés des follicules simples qui versent dans sa cavité le produit de leur sécrétion; ce produit est ensuite rejeté au dehors par suite des mouvements de l'épithélium ciliaire sans doute, et aussi par la pression que peuvent exercer sur cet appareil glandulaire

(1) Draparnaud, *Histoire naturelle des Mollusques terrestres et fluviatiles de France*, pl. supplém., fig. 13.

(2) Férussac et Deshayes, *Histoire générale et particulière des Mollusques terrestres et fluviatiles*, etc., pl. 81, fig. 1 et 2.

(3) Voy. fig. 5 *a*.

les muscles qui l'environnent. Nous n'insisterons pas davantage
sur ce point, la glande pédieuse ayant été l'objet d'une étude
très-détaillée de la part de M. Semper (1).

Diaphragme. — On sait que le corps des Gastéropodes pulmonés se divise en deux cavités de grandeur inégale : la première, qui constitue la poche respiratoire et dans laquelle on
trouve, outre le réseau vasculaire qui se ramifie sur ses parois,
le cœur et la glande de Bojanus ; la seconde, qui renferme le
système nerveux, les appareils de la digestion et de la génération.
Celle-ci, plus grande que la première, est souvent désignée sous
le nom de *grande cavité*. Elle est séparée de la cavité pulmonaire
par une cloison musculaire appelée *diaphragme*. Cette membrane forme le plancher de la chambre respiratoire, et nous
aurons donc à y revenir quand nous nous occuperons des organes
de la respiration. On sait que cette chambre respiratoire peut
être regardée comme formée sur le dos de l'animal par le repli
de la peau qu'on appelle *manteau* chez les Mollusques (2). Le
bord de ce manteau constitue, chez les Gastéropodes testacés,
le bourrelet annulaire qu'on appelle *collier*. Il est placé à la
base du cou, à l'entrée de la coquille ou *péristome*. C'est dans
cet anneau que glisse l'animal quand il se retire dans sa coquille,
après quoi ce collier se contracte et se resserre ; aussi Cuvier
l'a-t-il comparé avec raison à un sphincter (3).

Dans le *Zonites* comme dans les Hélices, le collier forme un
anneau complet (4) ; il est irrégulièrement ovalaire et ne présente
pas partout la même épaisseur : mince dans sa moitié inférieure,
ce bourrelet se dilate dans sa moitié supérieure, où il offre un
volume considérable qui atteint 8 à 10 millimètres. On remarque
sur le côté droit de cet anneau deux angles, l'un supérieur,
l'autre inférieur (5). Ces deux angles sont placés à l'extrémité de

---

(1) Carl Semper, *loc. cit.*, p. 351.

(2) H. Milne Edwards, *Leçons sur la physiologie et l'anatomie comparée*, etc., t. II,
p. 57.

(3) Cuvier, *loc. cit.*, p. 13.

(4) Voy. fig. 13.

(5) Fig. 13 *a*, *b*.

deux lignes saillantes qui régnent sur le corps de l'animal : l'une,
la première, correspond à la jonction de la paroi supérieure et
latérale de la cavité respiratoire avec la paroi inférieure ou diaphragmatique de la même cavité ; l'autre, la seconde, correspond
au bord interne des muscles rétracteurs qui du pied vont s'insérer à la columelle.

Dans la description du collier, nous distinguerons deux parties:
celle qui est placée à droite et qui est limitée par les deux angles
dont nous venons de parler (1); celle qui, partant de ces mêmes
angles, décrit un trajet beaucoup plus long pour entourer le cou
de l'animal en bas, à gauche et en haut (2). La première portion
se présente comme un rebord assez mince dans sa moitié inférieure, mais s'élargit ensuite et prend la forme d'un triangle
dont la base serait en haut et le sommet en bas. Le côté interne
de ce triangle se prolonge en un appendice membraneux ou lobe
assez volumineux (3). Le côté supérieur épais, surtout en dedans,
constitue le bord inférieur de l'orifice qui donne accès dans
la cavité respiratoire ou *pneumostome*. La seconde portion du
bourrelet, ou portion gauche, suit, en partant de l'angle qu'elle
forme en bas avec la portion droite, la face inférieure du cou,
passe sur le côté gauche, et vient ensuite rejoindre en haut l'angle
supérieur droit que présente le bourrelet en passant au-dessus
du bord supérieur dilaté de la portion droite. D'abord sous forme
d'un rebord mince, cette portion du collier s'élargit dans sa
partie supérieure et acquiert une épaisseur considérable; puis
elle s'amincit de nouveau, de sorte qu'elle présente assez exactement la figure d'un croissant à cavité interne. Par son extrémité
supérieure qui se place au-dessus de la base élargie du bourrelet latéral droit, elle complète l'orifice où viennent s'ouvrir le
poumon, l'anus et la glande rénale. On remarque aussi dans sa
portion élargie deux lobes membraneux (4), l'un placé en haut,
l'autre latéralement à gauche.

(1) Voy. fig. 13.
(2) *Ibid.*
(3) Fig. 13 c.
(4) Fig. 13 d, f.

Muscles particuliers. — Les muscles particuliers qu'on rencontre sont les suivants : les muscles rétracteurs du pied, le muscle rétracteur commun des tentacules et du collier nerveux, les muscles propres de chaque tentacule, le muscle rétracteur de la masse buccale, les muscles des lèvres, le muscle rétracteur de la verge.

Muscles rétracteurs du pied. — Un grand nombre de fibres qui prennent leur origine à la face supérieure du pied (1) s'unissent entre elles et forment par leur réunion des bandelettes blanches, nacrées, qui sont placées de chaque côté de la ligne médiane, au-dessous des viscères. Elles se portent horizontalement en arrière et forment un muscle volumineux, large et aplati (2), qui passe dans le collier et va s'insérer à la columelle, à côté du muscle rétracteur de la bouche.

Muscle rétracteur commun des tentacules et du système nerveux. — De la face supérieure du muscle rétracteur du pied, à sa partie externe et à la moitié à peu près de sa longueur, part de chaque côté un petit ruban musculaire large de 2 millimètres, qui se divise bientôt en deux languettes, dont l'une, la plus externe, va se porter au tentacule supérieur, et l'autre au petit tentacule (3). Ces muscles sont connus sous le nom de muscles rétracteurs des tentacules, mais le second d'entre eux présente une disposition remarquable qui n'a pas encore été indiquée (4). Il affecte, en effet, avec le collier nerveux une connexion particulière ; la bandelette qui le constitue s'épanouit du côté interne pour s'unir au névrilème de ce collier, et lui forme ainsi avec son congénère une sorte d'encadrement musculaire (5). Après avoir fourni cette adhérence avec le collier nerveux, le muscle rétracteur du petit tentacule va s'insérer sur cet organe et sur les téguments voisins suivant une disposition singulière.

(1) Voy. fig. 5 *b*.
(2) Fig. 5 *r*.
(3) Fig. 8 *a*, *b*, *c*.
(4) Cette disposition a été décrite dans une note présentée par nous à l'Académie des sciences le 30 septembre 1872.
(5) Voy. fig. 8 *d*.

La bandelette musculaire qui le constitue s'élargit, s'épanouit
en éventail pour s'insérer, d'une part à l'extrémité du tentacule,
et de l'autre sur les téguments, près de la base de ce tentacule (1), dans le point où va se distribuer le nerf qui l'accompagne ; là on voit partir de ce nerf la branche qui est destinée
au tentacule et qui se porte à son sommet, dans l'épaisseur même
du muscle. Ainsi, dans l'état de rétraction du petit tentacule,
l'extrémité du muscle qui nous occupe forme une sorte de petit
triangle dont la base aurait ses deux angles, l'un à l'extrémité,
l'autre à la base du tentacule, tandis que le sommet se continue
par la bandelette qui forme le muscle. Par son insertion sur les
téguments, ce muscle est en même temps rétracteur de la tête
dans le cas où il se contracte fortement.

Le faisceau musculaire qui se porte au tentacule supérieur
reçoit dans son intérieur le nerf tentaculaire, lequel, de son point
d'origine sur le ganglion sus-œsophagien au point où il pénètre
dans la cavité du muscle rétracteur, est entouré d'une enveloppe
musculaire. Ce muscle rétracteur est donc aussi en connexion
avec les centres nerveux. Cette particularité n'avait pas échappé
à l'observation de Cuvier qui, dans son *Anatomie du Colimaçon*,
dit, à propos du système nerveux : « Ce qu'il y a de plus singu-
lier, c'est sa soumission au système musculaire. Une cellulosité
serrée unit les muscles rétracteurs des grandes cornes à l'enveloppe du cerveau ou dure-mère, et les principales languettes des
muscles rétracteurs du pied à celle du ganglion ; d'où il résulte
que ces muscles ne peuvent se raccourcir sans entraîner ces deux
masses médullaires (2). »

Nous avons vu que les muscles rétracteurs du grand et du
petit tentacule sont formés par la bifurcation d'une bandelette
primitivement simple, et nous avons indiqué l'union de ces
faisceaux musculaires avec les centres nerveux ; il nous paraît en
conséquence que cet ensemble musculaire doit être désigné sous
le nom de *muscle rétracteur commun des tentacules et du collier
nerveux*. Toutefois l'action n'en est pas aussi simple que semble

(1) Voy. fig. 10 ?.
(2) Cuvier, *loc. cit.*, p. 35.

l'indiquer cette qualification, car si, pendant le retrait de l'animal, toutes ces parties ont une action commune et concourent à la rétraction, il n'en est pas de même pendant son déploiement. Alors, en effet, les portions placées en avant du collier nerveux interviennent au moins passivement dans sa protraction ; quand les points d'attache de ces bandelettes musculaires sur les téguments sont portés en avant avec ceux-ci, elles doivent nécessairement concourir à entraîner le collier dans ce mouvement, n'agiraient-elles dans ce cas que comme de simples ligaments. Ce n'est pas tout : une expansion fournie par la zone musculaire qui règne autour du collier nerveux accompagne et enveloppe les nerfs qui partent des ganglions sus- et sous-œsophagiens, et forme à chacun d'eux une gaîne rétractile dont nous étudierons la structure quand nous nous occuperons du système nerveux. Les cordons ainsi formés doivent agir principalement dans la protraction du système nerveux, en prenant leurs points fixes sur les téguments quand l'animal se développe au dehors. Ainsi, l'ensemble musculaire que nous venons de décrire forme un appareil complexe qui, par le jeu de ses différentes parties, agit sur les centres nerveux pour les entraîner dans les déplacements que comporte soit le déploiement, soit le retrait de l'animal.

Muscles propres des tentacules. — Van Beneden a fait connaître l'existence de deux petits muscles distincts qui s'insèrent au tentacule oculaire, d'un côté à l'enveloppe de l'œil, c'est-à-dire aux téguments qui avoisinent cet organe, et de l'autre à la peau (1). Ces muscles sont extrêmement grêles (2), et ils agissent, suivant le naturaliste belge qui les a signalés, en sens inverse des rétracteurs. Cette opinion n'est exacte qu'en partie ; elle l'est seulement quand il s'agit de leur action sur le tentacule retiré en dedans ; mais, quand celui-ci est déployé, ces mêmes muscles, en se contractant, ne peuvent que ramener vers sa base l'extrémité du tentacule, alors que celui-ci s'invagine pour rentrer en dedans comme un doigt de gant qu'on retourne.

Le tentacule inférieur présente deux petits muscles analo-

(1) Van Beneden, *loc. cit.*, p. 281.
(2) Voy. fig. 9 *a*;

gues (1) qui n'ont pas été indiqués par Van Beneden. Ces muscles, ainsi que les précédents, sont colorés en brun par la présence dans leurs enveloppes de corpuscules pigmentaires ; les muscles rétracteurs des tentacules présentent également une teinte noirâtre dans leur partie antérieure.

Muscle rétracteur de la masse buccale. — Ce muscle se présente sous forme d'une longue et forte bandelette d'un blanc nacré, composée de deux faisceaux accolés par leur bord interne. Sa longueur est de 4 à 5 centimètres, et sa largeur de 8 à 10 millimètres. Il s'insère par des fibres nombreuses à la partie inférieure du corps ovoïde qui constitue la masse buccale ; il l'embrasse inférieurement et latéralement, et envoie des fibres plus rares à la partie supérieure (2). Il passe avec l'œsophage dans le collier nerveux ; il marche ensuite parallèlement au-dessus du muscle rétracteur du pied et va s'insérer sur la columelle, à côté et en arrière de ce muscle.

La masse buccale et le mufle qui la précède présentent à étudier des muscles nombreux. Quand la masse buccale est retirée fortement en arrière, on voit en avant d'elle, et au-dessus du canal que la peau ramenée en dedans forme au devant de l'orifice buccal, deux muscles qui s'insèrent d'une part sur les téguments, entre les deux tentacules supérieurs et un peu au-dessus, et qui vont, en divergeant et formant entre eux un angle aigu, s'insérer d'autre part sur les côtés de la lèvre supérieure (3).

Plus extérieurement, et prenant leurs points d'insertion en dehors de la base des grands tentacules, on trouve deux bandelettes musculaires qui s'attachent également en arrière sur les côtés de la lèvre supérieure, au voisinage des précédents (4). Ces muscles paraissent être des protracteurs de la lèvre supérieure.

A la base de l'angle que forment les deux premiers de ces

____

(1) Fig. 10 *a*.
(2) Fig. 7.
(3) Fig. 6 *a*, *a*.
(4) Fig. 6 *b*, *b*.

muscles, on aperçoit des faisceaux musculaires dont les insertions sont, en avant au bord antérieur de l'orifice buccal, et en arrière suivant une ligne courbe qui contourne l'extrémité antérieure de la masse buccale. Cet ensemble musculaire constitue une sorte de muscle propre de la lèvre supérieure (1). De chaque côté, du milieu des petits faisceaux qui le composent et en arrière, on voit partir une bandelette musculaire qui va s'insérer sur la partie supérieure de la masse buccale (2). Ces deux petits muscles doivent agir comme rétracteurs et aussi comme releveurs de la lèvre supérieure. Derrière eux, et à côté de l'œsophage, on remarque deux petits faisceaux qui s'unissent avec un faisceau médian placé au-dessous de l'œsophage, forment en arrière une couche musculaire qui revêt l'extrémité postérieure de la masse buccale (3). Enfin, tout à fait latéralement et au-dessous des précédents, il y a de chaque côté de l'œsophage une membrane musculaire mince et assez large qui, contournant la masse buccale, se porte en avant et en dessous pour s'insérer à la partie inférieure du mufle (4). Dans cette partie inférieure, deux muscles s'étendent de la masse buccale en arrière à la lèvre inférieure : ce sont des rétracteurs de la lèvre inférieure (5).

Cette lèvre présente, comme la lèvre supérieure, des faisceaux musculaires propres. En avant, ils s'entrecroisent, et se replient pour former une sorte d'arceau musculaire qui domine le canal médian du pied, et constitue l'orifice interne de l'ouverture infrabuccale (6).

Il nous reste à examiner le *muscle rétracteur de la verge*. Ce muscle est long de 20 à 25 millimètres, large d'un millimètre environ. Il est plat et a la forme d'une bandelette (7). Il s'insère d'une part sur le pénis, au-dessus du point où vient déboucher

(1) Fig. 6 c.
(2) Fig. 6 d.
(3) Fig. 6 f.
(4) Fig. 6 e.
(5) Fig. 5 d.
(6) Fig. 5 e.
(7) Fig. 52 m.

le canal déférent, et à très-peu de distance du sommet de cet
organe (2 millimètres); d'autre part, il s'insère à la face inférieure de la cloison diaphragmatique. Ce muscle, d'après Moquin-
Tandon (1), offre un léger étranglement avant de se fixer au
fourreau de la verge ; mais dans la figure qu'il en a donnée (2),
il a exagéré cette disposition qui est à peine sensible ; la bandelette paraît plus étroite en ce point, parce qu'elle se contourne
sur elle-même et ne se présente pas sur le même plan.

STRUCTURE.— Les muscles sont composés de fibres lisses unies
par du tissu conjonctif. Si l'on traite un fragment de tissu musculaire par l'acide azotique dilué dans 4 parties d'eau, on peut,
après une macération de vingt-quatre heures environ, isoler ces
fibres avec assez de facilité. On voit alors qu'elles peuvent avoir
des dimensions très-variables; elles sont parfois très-allongées,
et nous en avons observé qui avaient plus d'un millimètre de
long, tandis que d'autres ont à peine $0^{mm},1$ de longueur (3);
leur largeur varie entre $0^{mm},01$ et $0^{mm},02$. Les fibres sont pâles,
et l'on remarque souvent dans leur intérieur des points, des granulations très-fines qui forment une espèce de cordon médullaire autour duquel existe une zone extérieure ou corticale
transparente et homogène ; quelquefois on dirait qu'il y a un
commencement de striation. Elles sont pourvues d'un noyau ;
on en peut trouver deux et même trois dans la même fibre; ses
dimensions sont de $0^{mm},015$ à $0^{mm},02$ en longueur et de $0^{mm},005$
à $0^{mm},006$ en largeur.

SYSTÈME NERVEUX.

Le système nerveux du *Zonites algirus* est disposé d'après le
type général bien connu qu'il affecte chez les Gastéropodes,
c'est-à-dire qu'il se compose d'un collier nerveux œsophagien,
ainsi nommé parce qu'il entoure l'œsophage : c'est la partie centrale de ce système. Il est formé d'une paire de ganglions placés

(1) Moquin-Tandon, *loc. cit.*, p. 197.
(2) *Ibid.*, pl. 9, fig. 35.
(3) Voy. fig. 10 *a, b*.

sur l'œsophage, et appelés pour cette raison *ganglions sus-œso-phagiens*. Ces ganglions sont reliés à un autre groupe ganglion-naire placé au-dessous de l'œsophage ou *ganglions sous-œso-phagiens* par deux cordons latéraux, et cet ensemble constitue l'anneau œsophagien.

De ces ganglions partent les nerfs périphériques ; les cordons qui les unissent ne donnent naissance, au dire des auteurs, à aucune branche nerveuse.

Dans l'espèce qui nous occupe, comme dans les autres *Helix*, l'ouverture que forme l'anneau œsophagien est assez grande pour que la masse buccale puisse y passer, de sorte que la posi-tion de ces organes, l'un par rapport à l'autre, varie selon que l'animal est rétracté ou développé.

GANGLIONS CÉRÉBROÏDES.

La masse nerveuse sus-œsophagienne est formée de deux ganglions accolés ; on l'a comparée au cerveau des animaux supérieurs, parce que c'est d'elle, comme nous le verrons, que naissent les nerfs des organes des sens : aussi plusieurs anatomistes donnent-ils aux ganglions qui la composent le nom de *ganglions cérébroïdes*. Cette masse est loin d'avoir une com-position aussi simple qu'on l'indique généralement, et les gan-glions dont elle est formée, si on les examine de plus près, don-nent lieu à d'intéressantes observations (1).

Si l'on considère la face supérieure de la masse cérébrale (2), on voit sur la ligne médiane la commissure de couleur jaune, et de chaque côté les ganglions, qui sont symétriques et incolores. Ce sont deux corps de forme allongée, concaves sur leur bord externe et convexes sur leur bord interne, lequel est en rapport avec la commissure médiane. Ces ganglions présentent donc la figure d'un croissant largement ouvert, à concavité externe ; mais dans la moitié antérieure de cette concavité on voit saillir

(1) Nous avons fait connaître la structure de ces ganglions dans une note à l'Aca-démie des sciences, le 28 juillet 1873.

(2) Voy. fig. 15.

une petite masse nerveuse de même forme que la corne postérieure du croissant, et s'atténuant à son extrémité pour donner
naissance au cordon latéral antérieur qui unit le ganglion cérébroïde aux ganglions sous-œsophagiens, tandis que le cordon
postérieur est formé par le prolongement de la corne postérieure.
Le lobule placé dans la concavité du croissant peut être appelé
lobule moyen ou *corne moyenne* ; il paraît être sur un plan un
peu inférieur. La corne antérieure du croissant ganglionnaire
est terminée par une extrémité mousse arrondie (1).

Examinés par leur face inférieure, les ganglions offrent un
autre aspect : ils se présentent en forme de fer à cheval, et sont
accolés par leur concavité, le dos du fer à cheval correspondant
à la ligne médiane (2). En avant et en arrière, dans l'angle que
forment les bords disposés ainsi en x, on aperçoit la commissure
qui occupe à la face supérieure toute la région moyenne. Enfin,
en avant de chaque ganglion, on remarque un petit lobe en saillie,
arrondi, et qui donne naissance par son bord interne au nerf
tentaculaire. Ce lobule ne paraît pas être tout à fait sur le même
plan que la face inférieure des ganglions, et il n'est autre que la
corne antérieure du croissant que nous avons décrit à la face
supérieure. Des deux branches du fer à cheval qui se montre
à la face inférieure, la première, ou antérieure, correspond au
lobule que nous avons qualifié de moyen, et la seconde, ou postérieure, correspond à la corne postérieure du croissant.

Comment peut-on se rendre compte de cette diversité d'apparence des deux faces supérieure et inférieure? Chaque ganglion
forme en arrière une masse unique qui se termine par la corne
postérieure, et en avant il présente deux extrémités : l'une qui
continue sa face inférieure et se recourbe assez brusquement, de
sorte que cette face a l'aspect d'un fer à cheval; l'autre, qui
continue sa face supérieure, et, décrivant une courbe beaucoup
plus ouverte, occupe une position antérieure à l'autre, en même
temps qu'elle est sur un plan un peu supérieur.

Nerfs. — De la masse cérébroïde partent huit paires ner-

(1) Fig. 15 *a*.
(2) Fig. 16.'

veuses, et de plus, à droite, une branche impaire qui se rend
à la gaîne du pénis.

D'abord on voit en avant un nerf volumineux qui naît de la
partie interne du lobule antérieur (1) ; il se porte plus ou moins
obliquement en dehors, suivant l'état de rétraction ou de protraction du tentacule supérieur auquel il est destiné. Il pénètre
dans le muscle rétracteur de ce tentacule, où il décrit un certain
nombre de sinuosités, et va se distribuer à l'extrémité de cet organe, de la façon que nous aurons lieu d'examiner avec détail
quand nous l'étudierons en particulier. Ces nerfs sont désignés
sous le nom de *nerfs tentaculaires*. Près de son origine, le nerf
tentaculaire fournit une branche qui se rend à la base du tentacule, du côté externe, et qui se distribue aux téguments de cette
région : on pourrait donner à cette branche le nom de *branche
péritentaculaire externe* (2).

En dedans du nerf tentaculaire et en avant des ganglions, on
trouve un nerf qui est destiné également à la base du tentacule
supérieur, mais qui se porte à sa partie interne; celui-ci n'est
pas comme le premier une branche du nerf tentaculaire, il naît
directement du ganglion sur son bord interne et en arrière du
nerf tentaculaire : on peut l'appeler *nerf péritentaculaire interne*
ou *frontal*.

Les nerfs péritentaculaires de gauche se portent directement
au point où ils doivent se distribuer ; ceux de droite contournent
dans leur trajet le canal déférent et le pénis, passent dans
l'anse que forment ces organes, mais sans leur donner aucun
rameau (3). A côté d'eux chemine jusqu'à la gaîne du pénis la
branche qui lui est destinée; ce nerf impair, comme nous l'avons
dit, prend son origine sur le lobe moyen, à côté du nerf qui va
au petit tentacule et un peu inférieurement à lui : c'est le *nerf
pénial* (4).

Du bord externe de ce lobe moyen naissent quatre nerfs pairs
et symétriques.

(1) Fig. 17, 1.
(2) Fig. 17, 4.
(3) Fig. 14.
(4) Fig. 17, 9.

Le premier, qui, passant sous le lobe antérieur, semble partir de ce lobe, si l'on examine le ganglion par sa face supérieure, en dehors du nerf tentaculaire (1) ; très-long et très-grêle, il se divise néanmoins en deux branches, l'une antérieure, l'autre postérieure, mais qui toutes deux vont sur les côtés de la bouche, et se distribuent dans cette région.

Le nerf destiné au petit tentacule tire son origine du lobe moyen, d'où on le voit partir dans l'angle que ce lobe forme avec le lobe antérieur (2). Ce nerf va se distribuer au voisinage de la base du tentacule inférieur, comme nous le verrons plus tard, et il envoie un rameau important au tentacule inférieur lui-même. Nous avons vu comment la bandelette musculaire, qui constitue le muscle rétracteur du petit tentacule, s'épanouit en éventail, et forme, quand le tentacule est rétracté, un triangle, dont un angle s'insère au sommet du tentacule et l'autre s'attache aux téguments, près de la base de cet organe. Or c'est en ce point que se porte le nerf, qui se ramifie dans les lobes cutanés voisins de la bouche, mais qui fournit une branche, laquelle, longeant dans son épaisseur le bord du triangle musculaire que nous avons décrit, se rend à l'extrémité du tentacule (3). On voit comment, d'après cette disposition, le nerf peut s'adapter à toutes les modifications que le tentacule éprouve dans sa forme, suivant qu'il se retire ou qu'il se déploie. Le rameau nerveux terminal forme en effet avec le nerf dont il émane une ligne brisée, et il s'attache par chacune de ses extrémités, d'une part à la base du tentacule, d'autre part à son sommet, de sorte que ce dernier se déplaçant, il le suit dans ses mouvements. Quand le tentacule se développe au dehors, il est entraîné avec lui, et est alors placé dans sa cavité interne, tandis que si le tentacule se retire en dedans, en se retournant comme un doigt de gant, il se place à côté et en dehors de lui.

En arrière du nerf, qui va au petit tentacule et un peu en dessous, part un nerf qui va se ramifier à la partie inférieure

(1) Fig. 17, 5.
(2) Fig. 17, 6.
(3) Fig. 10 b.

de la bouche, au-dessous de celui que nous avons vu déjà se
ramifier dans la même région (1). Ces deux nerfs, qu'on pourrait appeler *labiaux*, se distinguent donc en supérieur et en
inférieur.

Enfin, en arrière des nerfs que nous venons d'indiquer et en
avant du cordon latéral de communication qui unit la masse
cérébroïde à la masse sous-œsophagienne, on voit un filet nerveux (2) qui, passant sur les côtés de la masse buccale et à sa
partie supérieure, se rend au ganglion stomato-gastrique correspondant.

Nous avons montré plus haut quelle était l'origine des deux
cordons latéraux de communication qui naissent, l'un du lobe
moyen, l'autre du lobule postérieur du ganglion. L'examen de
ces cordons nous a fait reconnaître un fait intéressant et digne
d'attention, en ce qu'il infirme une règle donnée jusqu'ici comme
générale : c'est que les nerfs partent toujours des ganglions,
jamais des cordons qui les unissent. Or nous avons constaté que
du cordon latéral postérieur se détachait un filet nerveux très-
long et très-grêle, qui, se dirigeant en arrière, va se rendre à la
face inférieure du muscle rétracteur de la masse buccale. Nous
nous sommes assuré par l'examen microscopique que ce même
filet nerveux, dont nous n'avons trouvé l'existence mentionnée
nulle part, provenait par une double origine du cordon latéral postérieur, et en poussant l'analyse plus loin, nous avons
cru reconnaître que les fibres qui le constituent viennent, en
remontant dans ce cordon, des ganglions sous-œsophagiens.
De plus, ce nerf fournit un petit rameau extrêmement fin, qui
va s'anastomoser avec le filet d'union de la masse cérébrale et
des ganglions stomato-gastriques (3).

Nous devons enfin mentionner les nerfs optique et acoustique
comme tirant leur origine du ganglion sus-œsophagien. Nous
décrirons ces nerfs avec détail, quand nous nous occuperons des
organes de la vue et de l'ouïe. Nous nous bornerons ici à con-

(1) Fig. 17, 7.
(2) Fig. 17, 8.
(3) Fig. 17, 10 et 11.

stater leur lieu d'origine sur le lobule antérieur, qui donne également naissance au nerf tentaculaire ; ce lobule paraît donc constituer une région distincte par ses attributions physiologiques et consacrée à la sensibilité spéciale.

Déjà M. de Lacaze-Duthiers a reconnu que, dans les centres sus-œsophagiens des Gastéropodes, il y a des lobes ayant une structure particulière et un rôle physiologique différent ; aussi est-ce fort justement qu'il dit : « Chez les animaux inférieurs, dans les centres nerveux considérés jusqu'ici comme simples et homogènes, il existe des parties secondaires qu'il est nécessaire de distinguer. » C'est ainsi que l'éminent professeur de la Sorbonne a constaté, dans certains Gastéropodes pulmonés aquatiques (Physes, Limnées, etc.), l'existence d'un lobule hémisphérique saillant placé un peu latéralement sur la face postérieure (supérieure) du centre sus-œsophagien, et formant le lieu d'origine commun aux trois nerfs de la sensibilité spéciale : olfactif, acoustique et optique. Il l'appelle par suite *lobule de la sensibilité spéciale* (1).

On voit que, dans le *Zonites algirus*, l'analogue de ce lobule est celui que nous avons désigné comme antérieur, à cause de sa position qui est un peu différente ; en effet, de ce lobule partent les mêmes nerfs sensitifs, et nous verrons plus loin qu'il se distingue en outre par sa structure des autres parties du cerveau.

GANGLIONS SOUS-ŒSOPHAGIENS.

La masse ganglionnaire inférieure ou sous-œsophagienne est formée par la réunion de sept ganglions disposés circulairement, et non pas, comme l'a dit Van Beneden, de quatre ganglions réunis en une seule masse (2). Leur ensemble représente un véritable anneau (3) enveloppé d'un névrilème conjonctif, et

(1) H. de Lacaze-Duthiers, *Du système nerveux des Mollusques gastéropodes pulmonés et aquatiques* (*Comptes rendus de l'Acad. des sc.*, 1871. t. LXXIII, p. 161, et *Archives de zoologie expérimentale*, 1872, t. I, p. 437).

(2) Van Beneden, *loc. cit.*, p. 280.

(3) Voy. fig. 18.

traversé dans son centre par une branche artérielle volumineuse.

On peut distinguer deux groupes dans les ganglions sous-œsophagiens : l'un antérieur, symétrique, composé de deux ganglions assez gros, de forme ovalaire, contigus par leur bord interne, et connus sous le nom de *ganglions pédieux* (1); l'autre asymétrique, composé de cinq ganglions (2).

De chaque côté vient aboutir au ganglion pédieux le cordon antérieur de la commissure qui unit la masse cérébroïde à la masse sous-œsophagienne ; le cordon postérieur de cette commissure aboutit au premier ganglion du groupe postérieur. Celui-ci est petit, arrondi, uni par des commissures au ganglion pédieux d'une part, et de l'autre aux ganglions postérieurs, au nombre de trois, inégaux de volume et de forme. Pour distinguer ces trois ganglions, nous emploierons les termes de gauche médian et droit, d'après la position qu'occupe chacun d'eux.

Nerfs. — Les ganglions pédieux donnent naissance à des nerfs nombreux, dont les uns se dirigent en arrière, les autres latéralement et en avant ; ils se rendent dans le pied, et se distribuent aux muscles et aux téguments qui occupent cette région et celle du cou.

Dans le groupe postérieur ou asymétrique, les deux premiers ganglions qui reçoivent le cordon commissural ne fournissent aucun nerf. Des trois autres, on voit partir les nerfs suivants :

D'abord du ganglion droit naît une grosse branche nerveuse qui, se dirigeant en arrière et en haut, va se distribuer au voisinage du pneumostome et du côté interne de cet orifice (3).

Du ganglion médian on voit partir un nerf volumineux qui se rend également auprès de l'orifice respiratoire, mais vers son angle externe et en dehors du précédent (4).

De ce même ganglion, et un peu au-dessus de celui que nous venons d'indiquer, part un long filet nerveux qui, après un tra-

(1) Fig. 18 *p*, *p*.
(2) Fig. 18 *c*, *c*, *d*, *m*, *g*.
(3) Fig. 18 *d*.
(4) Fig. 18 *o*.

jet de 3 à 4 centimètres environ, se bifurque et se ramifie sur l'oviducte (1).

Toujours du ganglion médian et vers sa partie externe, naît un rameau grêle (2) qui se porte en arrière au-dessous de l'artère céphalique, et pénètre dans le pied avec une des branches de cette artère, au point où les faisceaux musculaires rétracteurs de cet organe se réunissent en une bandelette unique.

Enfin le petit ganglion gauche donne naissance à un nerf, qui se rend aux téguments de ce côté, à la jonction du collier avec le corps (3).

Il nous reste à dire un mot des ganglions stomato-gastriques pour terminer cette description générale du système nerveux.

Ces ganglions ponctiformes sont au nombre de deux et placés sous l'œsophage ; ils sont reliés entre eux par une commissure, et communiquent avec la masse cérébrale par deux filets ou connectifs très-ténus, que nous avons déjà indiqués.

Ils envoient des filets à l'appareil buccal, aux glandes salivaires et à l'œsophage.

STRUCTURE.— Après avoir décrit le système nerveux dans son ensemble, nous devons étudier les éléments qui le composent.

Nous avons vu que les masses nerveuses centrales étaient formées par des ganglions agglomérés. La substance nerveuse qui constitue ces ganglions est composée de *cellules nerveuses* et d'*éléments fibrillaires*.

Les cellules qui reçoivent souvent les noms de *cellules ganglionnaires*, *corpuscules ganglionnaires*, sont apolaires, unipolaires, bipolaires ou multipolaires. De ces différentes formes, la plus fréquente est celle des cellules unipolaires , c'est-à-dire pourvues d'un seul prolongement. Elles sont remarquables par les dimensions considérables qu'atteignent certaines d'entre elles, et tous les observateurs ont signalé l'énorme volume de ces éléments dans les Gastéropodes. « Quelques-uns d'entre eux, dit

(1) Fig. 18 *q*.
(2) Fig. 18 *h*.
(3) Fig 18 *g*.

Leydig, peuvent être d'une grosseur telle, qu'ils sont, à l'égard des plus petits, comme l'œuf d'une Grenouille à l'œuf d'un Mammifère (1). » C'est dans les ganglions sous-œsophagiens qu'on rencontre les plus gros corpuscules.

Les cellules sont généralement d'une couleur jaune clair et parfois incolores. Leur forme est sphérique ou irrégulièrement polyédrique ; leurs dimensions sont très-variables, et peuvent atteindre des proportions considérables ; leur diamètre mesure depuis $0^{mm},01$ jusqu'à $0^{mm},12$.

Les cellules, ou corpuscules ganglionnaires, sont constituées par une petite masse de protoplasma contenant de nombreuses granulations, et par un noyau qui renferme un et quelquefois plusieurs nucléoles. Pour un certain nombre d'observateurs, la cellule est munie d'une membrane d'enveloppe fine, translucide, anhiste, que certains réactifs, par exemple l'acide chromique, permettent de distinguer nettement séparée du contenu granuleux ; mais un examen attentif nous fait ranger à l'opinion de ceux qui n'admettent pas cette membrane comme partie essentielle de la cellule. Souvent, en effet, on ne peut en saisir aucune trace, et quand la cellule est limitée extérieurement par une zone de matière plus dense formant une membrane d'enveloppe, celle-ci n'est en réalité que la couche périphérique du globule protoplasmatique qui s'est épaissie.

Le noyau est volumineux, sphérique, contenant de fines granulations, et un nucléole qui réfracte fortement la lumière. Il peut y avoir plusieurs nucléoles.

D'après Leydig, les ganglions des Gastéropodes pulmonés, comme ceux des Invertébrés en général, contiennent dans leur partie centrale une substance granuleuse (*Punktsubstanz*), autour de laquelle les corpuscules ganglionnaires sont disposés comme un sorte de couche corticale. « Chez les Gastéropodes pulmonés, dit-il, on peut facilement reconnaître cette partie médiane granuleuse des divisions ganglionnaires. Il suffit ordinairement, pour la rendre visible, d'une pression sur la lamelle

(1) Leydig, *Zür Anatomie und Physiologie der Lungenschnecken*, in *Arch. für mikr. Anatomie* von Max Schultze. t. V, p. 146

couvre-objet (1). » Cette substance centrale est formée de fibrilles entrecroisées ; or les prolongements des cellules ganglionnaires, qui se subdivisent en une multitude de petits filaments, se dirigent vers elle et y pénètrent ; mais on ne peut les y poursuivre, à cause de la facilité avec laquelle ils se rompent. Là ces éléments fibrillaires se mêlent et s'entrecroisent, formant un lacis, duquel naissent les filets nerveux par l'union d'un certain nombre d'entre eux. Il est donc probable que les fibrilles qui entrent dans la composition d'un filet nerveux proviennent de différents corpuscules ganglionnaires, dont les prolongements subdivisés se mélangent au sein de la substance centrale, pour constituer ensuite la fibre nerveuse par une association nouvelle. L'observation directe ne permet pas toutefois de vérifier ce mode d'origine des fibrilles constitutives d'un filet nerveux ; mais il semble légitimement résulter des détails de structure que nous venons d'indiquer.

Cette structure des ganglions observée par Leydig dans les genres *Limax*, *Arion* et *Helix*, se retrouve également dans le *Zonites algirus*. Pour la mettre en évidence, on peut colorer par la teinture ammoniacale de carmin un petit fragment de substance nerveuse ; on voit alors très-nettement les corpuscules ganglionnaires colorés en rouge à la périphérie, et la substance granuleuse restée incolore au centre (2).

Cet entrecroisement des éléments fibrillaires fournis par les prolongements des cellules ganglionnaires est spécial aux centres nerveux cérébro-spinaux. La même structure ne se retrouve pas dans les ganglions sympathiques.

Le lobule que nous avons distingué dans les ganglions cérébroïdes sous le nom de *lobule de la sensibilité spéciale* est formé d'éléments histologiques, qui se différencient par leurs petites dimensions de ceux qu'on rencontre dans les autres parties des centres nerveux. Ici les cellules, à l'opposé de celles dont nous avons parlé, ont un très-petit volume ; leur diamètre atteint

(1) Leydig, *loc. cit.*, p. 48.
(2) Voy. fig. 25.

à peine $0^{mm},01$, tandis qu'ailleurs il mesure jusqu'à $0^{mm},10$ et même $0^{mm},12$. Elles sont incolores et à contours très-pâles. Leurs prolongements, très-ténus. ne sont pas faciles à apercevoir, à cause de la facilité avec laquelle ils se rompent. Ils servent à former les filets nerveux, ou à faire communiquer entre elles les cellules voisines ; nous en avons observé qui étaient ainsi reliées l'une à l'autre (1).

La structure particulière de ce lobule confirme donc la distinction que nous en avons faite plus haut, à l'exemple de M. de Lacaze-Duthiers, en nous basant sur l'origine que les trois nerfs de la sensibilité spéciale tirent de cette région.

Nerfs périphériques. — La substance nerveuse qui les constitue est formée de fibres d'une extrême ténuité : ces éléments fibrillaires sont difficiles à isoler ; cependant on peut les mettre en évidence par une dilacération attentive sur un fragment de nerf qui a macéré dans une solution faible d'acide chromique. On ne peut distinguer dans ces fibrilles la gaîne médullaire qui caractérise les fibres nerveuses à double contour des Vertébrés ; aussi les considère-t-on en général comme correspondant aux fibres nerveuses pâles ou sympathiques de ces animaux ; toutefois elles paraissent contenir de la myéline. Dans ses *Études sur l'histologie du système nerveux des Invertébrés*, M. Faivre dit qu'il a vu apparaître dans diverses circonstances des vésicules de nature graisseuse dans les tubes nerveux de la Sangsue (2). Plus récemment, M. Jobert a reconnu l'existence de la myéline dans le nerf tentaculaire des Hélices.

« Il existe, dit-il, autour des fibrilles du nerf tentaculaire, de la myéline, difficile peut-être à observer, mais qu'il est possible cependant de mettre en évidence. Cette myéline a les mêmes caractères que chez les Vertébrés. Des fragments du nerf tentaculaire dilacérés, que l'on fait macérer dans la solution de bichromate de potasse très-faible. à teinte de baume de Canada, et que l'on colore ensuite par le carmin aussi peu ammoniacal

(1) Voy. fig. 24.

(2) E. Faivre. *Études sur l'histologie comparée du système nerveux chez quelques animaux inférieurs*, p. 36. Paris, 1857.

que possible, et placés ensuite dans l'eau, laissent, après un jour,
perler à leurs extrémités des gouttelettes de myéline qui se ras-
semblent, affectant, comme le dit Kölliker (1), « toutes les formes
possibles, soit celles de sphère régulière, comme des gouttes
d'huile, de fuseaux, de cylindres, voire même celles des corps les
plus bizarres » (2).

Nous avons observé les mêmes faits chez le *Zonites algirus*.

Les différentes parties du système nerveux sont enveloppées
par un névrilème qui présente un intérêt particulier. Qualifié de
fibreux par de Siebold et Stannius (3), il prend, selon Leydig,
chez les Mollusques, « cette forme celluleuse du tissu conjonctif
qu'on voit ailleurs entre les organes » (4). Toutefois cette assertion a été modifiée par son auteur dans un mémoire ultérieur
sur l'anatomie et la physiologie des Gastéropodes pulmonés, où
il dit que ce névrilème, « comme chez les Vers et les Arthro-
podes, se divise en névrilème interne, qui est d'une nature plus
serrée et qui circonscrit immédiatement la substance nerveuse,
et en névrilème externe plus lâche. Comme on rencontre d'abord
ce dernier, je commence aussi par faire observer, ajoute-t-il,
que, chez les Gastéropodes pulmonés, il y a là des muscles qui
s'entrelacent de la même manière (5). » La composition de l'enveloppe névrilématique est en effet complexe. On y trouve d'abord
une couche superficielle conjonctive formée de cellules volumineuses, dont le diamètre mesure en moyenne 0^{mm},05, et qui est
jusqu'à un certain point comparable à l'*adventitia* des vaisseaux (6) ; mais au-dessous de cette couche cellulaire, on reconnaît la présence d'une couche musculaire formée de fibres
minces et très-allongées, disposées longitudinalement (7). On
constate aisément l'existence de ces éléments musculaires en fai-

(1) Kölliker, *Éléments d'histologie*, p. 316.

(2) Jobert, *Contribution à l'étude du système nerveux sensitif (Journal de l'anatomie
et de la physiologie de Robin,* 1870-1871, p. 625).

(3) Siebold et Stannius. *loc. cit.,* t. I, p. 303.

(4) Leydig, *Histologie comparée,* etc., p. 204.

(5) Leydig, *Zür Anatomie und Physiologie,* etc., p. 51.

(6) Voy. fig. 21.

(7) Fig. 22.

sant macérer pendant deux ou trois jours les centres nerveux et les nerfs qui en partent dans un mélange par parties égales d'acide chlorhydrique et d'acide nitrique dilué dans dix ou douze parties d'eau. Il est alors facile de les isoler.

En parlant du système musculaire, nous avons décrit une expansion qui entoure le collier nerveux, et qui fournit aux nerfs une enveloppe contractile. Celle-ci est souvent considérable, et si alors on examine le nerf au microscope, sous un faible grossissement ou même à l'aide d'une simple loupe, on le voit se présenter avec l'apparence d'un cordon opaque, et plus ou moins flexueux au milieu de cette enveloppe (1), dont nous venons de donner la composition histologique, et qui lui constitue un *névrilème externe*.

Immédiatement autour des nerfs, on remarque une seconde enveloppe conjonctive ou *névrilème interne*, composée d'éléments celluleux peu volumineux. Ces cellules ont 0^{mm},025 environ de diamètre.

L'existence de fibres musculaires dans la gaîne qui renferme le nerf a pour effet de produire l'allongement et le raccourcissement de ce cordon musculo-nerveux ; et en effet, quand il y a contraction, les flexuosités décrites par le nerf dans son enveloppe sont d'autant plus marquées, que cette contraction est plus forte ; à l'état de relâchement, au contraire, le nerf suit une direction rectiligne.

On voit que cette musculature particulière aux nerfs a un rapport physiologique manifeste avec la connexion si intime que nous avons indiquée entre le collier nerveux et l'appareil musculaire. Par suite de cette connexion, en effet, les centres nerveux liés aux muscles subissent des déplacements en rapport avec les changements de forme que le corps éprouve quand l'animal se rétracte ou se déploie, et les nerfs eux-mêmes, grâce à l'enveloppe musculaire dont ils sont pourvus, pouvant s'allonger ou se raccourcir, forment des liens actifs qui interviennent dans les modifications qu'entraînent les mouvements de l'animal.

(1) Voy. fig. 20.

ORGANES DES SENS.

TACT.

Le sens du tact a pour siége toute la surface cutanée, et de plus des organes spéciaux.

La peau, douée d'une assez grande sensibilité, est pourvue de nerfs qui se ramifient dans son épaisseur, ainsi que nous l'avons vu quand nous nous sommes occupé de sa structure. Il serait sans doute très-intéressant de reconnaître le mode de terminaison de ces filets nerveux ; mais cette observation présente de grandes difficultés que nous n'avons pu parvenir à résoudre.

On considère comme organes particuliers affectés au tact quatre tentacules portés par l'extrémité céphalique, et deux lobes ou replis cutanés placés sur les parties latérales de l'orifice buccal. Le mufle sert également aux Hélices pour l'exercice du toucher. Nous verrons plus loin que les grands tentacules portent l'organe de la vue, et aussi, selon certains malacologistes, celui de l'odorat. Quoique doués d'une très-grande sensibilité, ils ne seraient pas, d'après ces mêmes auteurs, des *agents de toucher actif* (1). Quoi qu'il en soit, nous devons les décrire, tout en faisant d'abord cette réserve sur la nature de leurs fonctions.

Les tentacules se présentent sous forme de prolongements cylindro-coniques, à sommet obtus et renflé ; ils forment un tube musculaire creux, dont la partie terminale est désignée sous le nom de *bouton ;* leur couleur est d'un gris sombre, ardoisé. Les deux plus longs sont placés sur la tête au-dessus des autres, et sont appelés pour cette raison *grands tentacules* ou *tentacules supérieurs*, tandis que les autres portent le nom de *petits tentacules* ou *tentacules inférieurs*.

Ces organes sont *rétractiles*, c'est-à-dire qu'ils peuvent se retirer en dedans à la manière d'un doigt de gant qu'on retourne. Nous avons vu comment agissaient, pour la production de ce mouvement de retrait, les muscles dits rétracteurs des tentacules.

____

(1) Moquin-Tandon, *loc. cit.*, t. I, p. 120.

Quand le tentacule est déployé, une portion du muscle rétracteur est renfermée dans sa cavité, et nous savons que le muscle lui-même enveloppe un nerf qui se porte à l'extrémité du tentacule. Nous aurons à étudier ce nerf et son mode de distribution; nous devons nous occuper d'abord de la structure du cylindre tentaculaire.

Cette structure est analogue à celle de la peau, dont les tentacules ne sont pour ainsi dire que des prolongements. On y trouve à la surface une couche épidermique composée de cellules prismatiques, et en dessous une couche dermique de tissu conjonctif. Vient ensuite un tissu de fibres musculaires, dont les unes sont disposées longitudinalement et les autres circulairement.

Le nerf qui occupe le centre du tentacule reçoit généralement le nom de *nerf tentaculaire*; mais il faut noter tout d'abord que, pour le grand tentacule, ce nerf n'est pas unique. A côté de lui, dans le *Zonites algirus*, et soudé avec lui dans une certaine étendue chez d'autres espèces, chemine un filet nerveux beaucoup plus grêle, qui n'est autre que le nerf optique, lequel aboutit à l'œil placé au voisinage de l'extrémité tentaculaire. Certains auteurs, considérant le nerf tentaculaire comme affecté au sens de l'odorat, lui donnent le nom de *nerf olfactif*. Voyons quel est son mode de distribution et de terminaison dans le bouton terminal.

M. le docteur Jobert a récemment étudié avec beaucoup de soin la structure des appareils tactiles chez différents animaux, entre autres dans les Hélicines, et il a éclairé de ses recherches ce point délicat d'anatomie microscopique. C'est l'*Helix Pomatia*, commune aux environs de Paris, qui a été l'objet de ses investigations. Il a constaté que les rameaux nerveux qui partent du ganglion tentaculaire, et qui vont à la périphérie, se résolvent en fibrilles présentant des varicosités. « Ces fibrilles réunies, dit-il, traversent le derme, et vont se perdre dans l'épiderme, entre les grandes cellules épithéliales, sous la forme de filaments renflés à leur extrémité (1). » (Conclusion 3.)

_____

(1) Jobert, *loc. cit.*, p. 612.

Dans le *Zonites algirus*, comme dans les *Helix* en général, le nerf tentaculaire aboutit vers l'extrémité du tentacule à un renflement ganglionnaire assez volumineux ; son diamètre est quatre fois environ celui du nerf. De ce ganglion partent trois troncs nerveux qui se ramifient dichotomiquement, et envoient leurs dernières divisions à la périphérie du bouton terminal (1).

Le ganglion présente dans sa partie centrale une structure fibrillaire, et à la circonférence une couche corticale de cellules ganglionnaires. Les troncs nerveux qui partent du ganglion sont composés de fibrilles ; leurs dernières divisions semblent se perdre dans une masse cellulaire, mais se terminent en réalité au milieu de l'épiderme par des extrémités renflées, suivant l'opinion de F. Boll et de Flemming, que les recherches de M. Jobert sont venues confirmer, comme nous l'avons vu plus haut. Les cellules qui composent cette masse cellulaire, dans laquelle paraissent se perdre les extrémités nerveuses, ont été regardées par Leydig comme des éléments nerveux formant le lieu de terminaison des fibrilles du nerf. Il dit en effet, à ce sujet : « La masse cellulaire dans laquelle viennent se perdre les dernières divisions se compose, comme on le reconnaît par l'emploi de certaines réactions, de petits corpuscules ganglionnaires dits multipolaires. Le noyau de ces cellules est clair avec quelques nucléoles ; la substance cellulaire sans enveloppe, qui ne forme qu'une zone étroite par rapport au noyau, paraît en plusieurs endroits s'étirer en prolongements ; je n'ai pas pu reconnaître de rapport entre ceux-ci et les cellules épithéliales ; mais il y a une ligne de démarcation évidente entre la couche de corpuscules ganglionnaires et ces cellules épithéliales (2). »

Cette description des « corpuscules ganglionnaires » de Leydig nous semble concorder parfaitement avec celle que M. Jobert a donnée des éléments nerveux qui composent cette même masse cellulaire. « Après s'être divisés trois ou quatre fois, dit-il, les faisceaux nerveux paraissent se perdre dans une masse cellulaire dont la description doit nous arrêter un instant. Ces éléments

(1) Voy. fig. 26.
(2) Leydig, *Zur Anatomie und Physiologie*, etc., p. 53.

ARTICLE N° 3.

offrent l'apparence de cellules bipolaires; leur noyau est presque aussi volumineux que l'organe lui-même; il est semé de granulations réfractant très-fortement la lumière. Ces cellules sont munies de deux prolongements le plus souvent; mais sur des préparations heureuses et du reste fort faciles à répéter, on peut constater qu'à côté des éléments bipolaires, on en rencontre possédant trois prolongements; quelquefois un des prolongements se bifurque (1). »

Il n'y a désaccord entre ces deux observateurs que sur la terminaison *réelle* des divisions nerveuses qui ne vont pas au delà de la masse cellulaire, d'après Leydig, et qui vont au contraire jusque dans l'épiderme, d'après Jobert; mais sur la constitution de cette masse cellulaire, nous ne voyons entre eux aucune divergence. Comment donc se fait-il que M. Jobert ait pensé que les corpuscules ganglionnaires de Leydig n'étaient autre chose que des cellules glandulaires prises par lui pour des éléments nerveux? Les détails descriptifs rapportés plus haut ne sauraient en aucune façon s'appliquer à ces dernières, et le naturaliste allemand n'a pas commis la confusion que lui attribue M. Jobert.

L'étude anatomique de l'organe que nous venons de décrire ne permet pas d'en déterminer avec certitude la fonction, car on ne trouve rien dans sa structure de caractéristique qui puisse, comme pour les organes de la vue et de l'ouïe, faire connaître la nature des impressions qu'il est destiné à recueillir. Les éléments nerveux qui se terminent à la surface du bouton tentaculaire peuvent également être considérés comme servant au tact ou à l'olfaction. L'expérience physiologique semble donc nécessaire pour résoudre le problème, du moins dans l'état actuel de nos connaissances histologiques. Il est pourtant des considérations d'ordre anatomique qu'on pourrait avec assez de raison invoquer en faveur de l'opinion qui voit dans le bouton tentaculaire un organe olfactif. Le nerf en effet tire son origine du même lobule que les nerfs optique et auditif, et de plus le ganglion tentaculaire qui se rencontre sur son trajet avant sa division en branches

(1) Jobert, *loc. cit.*, p. 622.

terminales, constitue là une particularité qui est sans doute en rapport avec la spécialisation de la fonction.

Les tentacules inférieurs n'offrent aucune particularité anatomique importante, et hormis la présence du nerf optique et de l'organe de la vue, ils présentent une analogie de structure complète avec les tentacules supérieurs. Quand nous nous sommes occupé du système nerveux, nous avons fait connaître le trajet de la branche nerveuse qui pénètre dans la cavité de ces tentacules. Cette branche va se terminer à leur extrémité, et s'y distribue suivant une disposition semblable à celle qui a été indiquée pour le tentacule supérieur.

On considère encore comme organes du tact les lobes cutanés qui sont placés latéralement au-dessous de l'orifice buccal, à l'entrée de cette cavité où vient déboucher le canal excréteur de la glande pédieuse. Ce sont de petits replis triangulaires, à sommet mousse, qui offrent dans leur structure des dispositions analogues à celles des extrémités tentaculaires. On y retrouve les mêmes éléments nerveux interépithéliaux. Ces organes sont innervés par le nerf qui se rend au tentacule inférieur, et dont une branche va se distribuer par des ramifications nombreuses dans ces lobes cutanés (1).

A la base de ces lobes et formant un demi-cercle autour de la masse buccale, dans l'intérieur de la cavité générale, M. Carl Semper a signalé, chez les Gastéropodes pulmonés, un organe composé de plusieurs lobules symétriquement placés, dont le plus volumineux et le plus postérieur correspondent justement à la base de ces replis cutanés. Nous n'avons rien trouvé de semblable chez le *Zonites algirus*.

L'organe indiqué par M. Semper serait peut-être, d'après lui, le siége du sens de l'olfaction. « Je vais donner, dit-il, la description d'un organe qui n'a été décrit nulle part, que je sache, et qui malheureusement ne m'est [pas encore bien connu, tant sous le rapport de sa structure interne que de son rôle physiologique. Cependant je le considère comme assez important

(1) Voy. fig. 19 *f, f, f.*

pour donner une description détaillée de sa position et de ses rapports anatomiques, autant du moins que j'ai pu les étudier. Sa position immédiatement au-dessous de l'épiderme, dans cette cavité qui se trouve sous la bouche, sa présence constante chez tous les Pulmonés que j'ai examinés (*Limax. Arion, Helix, Limnæus*), et par-dessus tout sa richesse extraordinaire en nerfs, suggèrent la pensée que nous avons affaire ici à l'organe de l'olfaction. Pourtant (ajoute prudemment l'auteur) ce n'est là qu'une probabilité (1)... » Nous n'insisterons pas sur cette hypothèse qui tombe d'elle-même, dans le cas qui nous occupe, par l'absence de l'organe sur lequel elle repose.

ORGANE DE LA VUE.

L'organe de la vue a été longtemps méconnu chez les Gastéropodes, mais décrit par Swammerdam (2), il a été depuis l'objet de recherches nombreuses. et Lespés, en France, en a fait une étude spéciale (3).

Chez le *Zonites algirus*, les yeux, comme chez les *Quadritentaculés* en général, sont portés par les grands tentacules et ne sont pas exactement placés à leur extrémité, mais au-dessus et en dehors. Ils ont une forme sphérique, et ils ne sont pas aplatis en avant, ainsi qu'on l'a souvent dit à tort des Hélicines; la cornée a seulement un rayon de courbure plus petit (4).

Le *Zonites algirus* ne figure pas parmi les nombreuses espèces dont l'œil a été étudié par Lespés. Le globe oculaire, à l'exception du segment cornéen, se montre coloré en noir. Le diamètre antéro-postérieur et le diamètre bilatéral sont sensiblement égaux et mesurent 0^{mm},33 (1/3 de millim.). Cette forme sphérique de l'œil n'a été rencontrée par Lespés que quatre fois sur trente-quatre espèces examinées, chez l'*Arion empiricorum* dont l'œil présente les mêmes dimensions que celui du *Zonites algirus*, et

(1) Carl Semper, *loc. cit.*, p. 366.

(2) Swammerdam, *Biblia Naturæ*, trad. in *Collection anatomique*, p. 59.

(3) Ch. Lespés, *Recherches sur l'œil des Mollusques gastéropodes terrestres et fluviatiles de France*, thèse pour le doctorat ès sciences naturelles. Toulouse, 1854.

(4) Voy. fig. 27 c.

chez les *Succinea Pfeiferi*, *Cyclostoma elegans* et *Ancylus fluviatilis*.

L'étude que nous avons faite de l'organisation de l'œil dans le *Z. algirus* nous a montré qu'elle est semblable, sauf quelques particularités, à celle qu'on lui connaît dans les Hélices; nous nous contenterons donc d'une description rapide.

Dans l'œil du *Zonites*, comme dans celui de la plupart des autres Gastéropodes, on distingue une membrane conjonctive externe, mince, un peu plus épaisse en arrière, et formant comme une coque : c'est la sclérotique, dont l'existence a été pour la première fois reconnue par de Blainville (1).

Dans sa partie antérieure, on remarque la cornée, qui, ici, comme dans les Hélices, où Leydig l'a parfaitement observée, ne présente pas la même courbure que la sclérotique, dans laquelle elle est embrassée; nous avons déjà dit, en effet, que le rayon de courbure de la cornée était plus petit (2).

Intérieurement à la sclérotique se trouve une membrane ténue colorée en noir. Cette teinte n'est pas uniforme et continue, comme on a l'habitude de le dire : le pigment auquel elle est due y est disposé par places, laissant dans l'intervalle des vides ou des lacunes (3). Cette membrane est la choroïde. Entre elle et la sclérotique on distingue une couche incolore, cellulo-granuleuse, dont l'existence a été déjà constatée chez les Hélices par Keferstein et Leydig, et qui est regardée comme appartenant à la rétine. Nous avons représenté cette couche composée de petites cellules allongées qui mesurent $0^{mm},01$ (4). — Indépendamment de cette membrane rétinienne qu'il qualifie d'*externe*, Keferstein décrit une membrane rétinienne intérieure qui tapisserait la choroïde et lui formerait un revêtement gris; elle se composerait d'éléments arrondis finement granuleux et de petits corps sans structure en forme de bâtonnets (5). Nous ne sommes pas

---

(1) De Blainville, *Anatomie comparée*, 1822, p. 445.
(2) Fig. 27 c.
(3) Fig. 30.
(4) Fig. 29.
(5) Keferstein, *Klassen und Ordnungen des Thierreichs* : WINTHUER, 1864.

parvenu à constater la présence de cette rétine interne (1).

La choroïde forme par son bord, au voisinage de la cornée, une sorte de pupille qui est ainsi entourée par un anneau qu'on peut appeler iridioïde.

Derrière la cornée on trouve le cristallin, qui est volumineux et très-sensiblement sphérique (2). Son diamètre est de 0^{mm},25. Il est formé de couches concentriques qui se dissolvent sous l'influence de l'ammoniaque, mais il reste toujours un noyau insoluble, comme l'a indiqué Lespés.

Le corps vitré, déjà reconnu par Swammerdam, est gélatineux, composé d'une substance claire sans structure.

Dans son mémoire sur l'anatomie de l'*Helix algira*, Van Beneden a pris le gros nerf tentaculaire pour le nerf optique, qui est placé à côté et qui est très-grêle. Celui-ci tire son origine, ainsi que nous l'avons vu, du lobule de la sensibilité spéciale. Il naît tout à côté du nerf tentaculaire, mais il ne se confond pas avec lui en ce point, comme on l'a dit d'une manière trop générale. « Chez les Céphalés à tentacules oculifères, les deux nerfs sont toujours confondus inférieurement », a répété Moquin-Tandon après Lespés (3). Or, ces nerfs, accolés dans une petite portion de leur trajet chez certaines espèces, sont chez le *Zonites algirus* toujours distincts et séparés (4).

Le nerf décrit dans le tentacule des sinuosités plus ou moins

(1) A propos de cette observation de Keferstein, Leydig émet également un doute. « J'avoue, dit-il, ne pas être bien édifié sur cette rétine interne » (*loc. cit.*, p. 56). Puis, en parlant de la constitution des membranes de l'œil, il s'exprime ainsi : « J'ai reconnu au moyen des réactions que les éléments histologiques de la rétine extérieure et de la choroïde sont les mêmes cellules, qui seulement sont claires à l'extérieur et pigmentées à l'intérieur. Sur des yeux d'*Helix hortensis* qui avaient été conservés dans une faible solution de bichromate de potasse, la rétine extérieure et la choroïde se dissociaient en cellules cylindriques assez longues, dont l'extrémité tournée en dedans est très-pigmentée, tandis que l'extrémité qui regarde en dehors et où se trouve le noyau est dépourvue de pigment et se termine en plusieurs courtes fibrilles. » Pareille disposition ne nous a pas été présentée par l'œil du *Zonites algirus*, bien que nous ayons employé les « réactions » indiquées par Leydig ; les granulations pigmentaires de la choroïde nous ont toujours paru distinctes des éléments cellulaires placés en arrière.

(2) Voy. fig. 28.

(3) Moquin-Tandon, *loc. cit.*, t. I, p. 144.

(4) Voy. fig. 17.

prononcées, suivant l'état de rétraction ou d'extension de ce
tentacule, et il présente, immédiatement avant son entrée dans
l'œil, une dilatation gangliforme qui a été indiquée par Lespés
et comparée par lui à une sorte de ganglion optique (1). Ce
renflement est piriforme et assez considérable dans l'espèce qui
nous occupe (2).

ORGANE DE L'OUÏE.

Il n'y a pas longtemps qu'on a reconnu l'existence du sens de
l'ouïe dans les Gastéropodes. Dans son mémoire sur la Limace
et le Colimaçon, Cuvier dit, en effet : « L'ouïe ne paraît point
exister dans cette famille, on n'y en trouve ni les signes extérieurs ni les organes (3). » — Il n'y a guère plus de trente ans
que ces organes ont été découverts. Signalés d'abord par Eydoux
et Souleyet, qui avaient reconnu leurs fonctions (4), ils ont été
depuis l'objet de travaux importants et nombreux parmi lesquels
il faut citer le mémoire de Krohn publié en 1839, dans les
Archives de Müller, et surtout celui de von Siebold, qui date de
1841 et qui est inséré dans le même recueil. Plus tard, en 1856,
M. Adolf Schmidt a traité spécialement ce sujet dans un travail sur l'organe auditif des Mollusques (5), et tout récemment
M. de Lacaze-Duthiers a fait paraître une remarquable étude sur
ce point d'anatomie dans les *Archives de zoologie expérimentale*,
sous ce titre : *Otocystes, ou capsules auditives des Mollusques
(Gastéropodes)* (6). Mais, depuis que ces organes ont été re-
connus, ainsi que leur nature et leur fonction, leur description
a trouvé place dans toutes les monographies anatomiques qui ont
été écrites sur les Gastéropodes, et il faudrait citer les noms et

____

(1) Ch. Lespés, *loc. cit.*, p. 33.
(2) Voy. fig. 27.
(3) Cuvier, *loc. cit.*, p. 36.
(4) L'*Institut*, 1838, p. 376.
(5) Ad. Schmidt, in *Zeitschrift für die gesammen Naturwissenschaften*, 1856, n° 11,
p. 289.
(6) Tome I, p. 97.
ARTICLE N° 3.

les travaux de presque tous les malacologistes contemporains, si l'on voulait faire l'historique de cette question.

Aujourd'hui tous les anatomistes s'accordent à regarder, comme organes de l'audition dans les Mollusques, deux petites vésicules pleines d'un liquide qui tient en suspension des corpuscules calcaires, nommés *otolithes*, agités de mouvements particuliers. Ces organes sont en communication avec le système nerveux central.

Jusqu'ici on avait cru que chez un grand nombre de Gastéropodes, parmi lesquels les *Helix*, les vésicules auditives étaient en rapport avec les ganglions antérieurs de la masse sous-œsophagienne, c'est-à-dire avec les ganglions pédieux, et en effet ces organes sont en contact avec ces ganglions sur lesquels ils reposent. L'apparence avait induit en erreur les plus habiles observateurs, lorsque M. de Lacaze-Duthiers, frappé de l'étrangeté de ce fait, a repris l'étude de cette question, et, par des préparations d'une extrême délicatesse, il est arrivé à constater que, si la position de la vésicule auditive était variable, le nerf auditif ne tirait pas moins toujours son origine du ganglion cérébroïde. Ce résultat est très-important, en ce qu'il démontre la fixité des connexions de ces organes avec les centres nerveux.

M. de Lacaze-Duthiers a proposé le nom d'*otocyste* pour désigner la poche auditive, comme étant d'un emploi plus commode que les expressions multiples usitées jusque-là. Cette dénomination nouvelle mérite d'être adoptée.

L'éminent professeur de la Sorbonne reconnaît plusieurs types dans la disposition des otocystes par rapport aux ganglions pédieux.

1er *type* : Otocystes éloignées des ganglions pédieux.

2e *type* : Otocystes voisines, mais séparées des ganglions pédieux.

3e *type* : Otocystes reposant sur le centre pédieux.

4e *type* : Otocystes en rapport direct et apparent avec le centre sus-œsophagien.

Au troisième type appartiennent le plus grand nombre des Gastéropodes, et en particulier les *Zonites*.

Une espèce de ce genre, le *Zonites cellarius*, a été étudiée par M. de Lacaze-Duthiers (1). Il a reconnu que le nerf acoustique, pour aller de l'otocyste au ganglion cérébroïde, gagne la partie externe de la masse sous-œsophagienne, en passant au-dessous du connectif qui unit le ganglion pédieux aux ganglions postérieurs de cette même masse. Le nerf contourne ce connectif et remonte ensuite au ganglion sus-œsophagien entre les deux cordons latéraux.

Nous avons dû vérifier si cette disposition se retrouvait dans le *Zonites algirus*, et nous avons suivi pour cela les procédés de préparation indiqués par M. de Lacaze-Duthiers. Sur une masse ganglionnaire durcie par l'action de l'acide chromique, nous avons fait agir l'ammoniure de carmin, ensuite nous avons placé la préparation dans l'acide acétique et enfin dans la glycérine. Nous avons eu alors la satisfaction de reconnaître le nerf acoustique placé ainsi que l'indique cet habile observateur.

Les otocystes sont placées contre la partie postérieure des ganglions pédieux, où elles se montrent comme des points blancs.

M. de Lacaze-Duthiers donne de l'otocyste la définition suivante : « Vésicule tapissée intérieurement par une couche de cellules nerveuses en continuité évidente avec le système nerveux central et remplie d'un liquide au milieu duquel flottent et tremblotent des particules calcaires agitées par des cils vibratiles (2). »

Les otocystes sont de forme arrondie ou ovalaire, nous en avons vu des unes et des autres; elles mesurent en moyenne 0^{mm},25 de diamètre (3). On y trouve des otolithes en grand nombre. Ceux-ci sont ovoïdes, un peu comprimés latéralement (4). On y distingue souvent deux lignes qui s'entrecroisent perpendiculairement en passant par le centre, et qui divisent l'otolithe en quatre fragments sensiblement égaux qu'une légère pression sépare les uns des autres. Dans leur grand diamètre les

----

(1) De Lacaze-Duthiers, *loc. cit.*, p. 151, et pl. 2, fig. 4.
(2) Idem, *loc. cit.*, p. 105.
(3) Voy. fig. 31.
(4) Fig. 32.

otolithes mesurent de 0^{mm},015 à 0^{mm},020. Siebold comparait ces petits corps à des cristallins, et l'on sait qu'ils sont formés de carbonate de chaux. Si, en effet, on fait agir sur la préparation un peu d'acide chlorhydrique, on voit se produire sous le microscope un dégagement de gaz et l'otolithe disparaître.

Nous ne dirons qu'un mot relativement à l'histologie de la poche auditive qui a été étudiée avec beaucoup de soin par Leydig (1) chez les Gastéropodes. Dans le *Zonites algirus* comme dans les autres Pulmonés, l'otocyste est circonscrite par une membrane de tissu conjonctif strié, en dedans de laquelle on remarque une mince couche limitante homogène (2). Cette membrane est revêtue d'un épithélium qui tapisse intérieurement la paroi de l'otocyste. Il est formé de cellules à noyau volumineux et dont la surface libre est garnie de cils vibratiles très-ténus et très-courts, qui communiquent aux otolithes les mouvements dont ils sont animés.

Il serait important, comme l'a fait observer M. de Lacaze-Duthiers, de résoudre les deux questions suivantes (3) : « Les cellules de la paroi interne de l'otocyste sont-elles nerveuses? et en second lieu, quelles sont leurs relations avec les fibres du nerf? » Nous n'avons pu, à notre grand regret, éclairer ce point délicat de structure histologique.

APPAREIL DIGESTIF.

L'appareil digestif du *Zonites algirus* présente le même mode général de conformation que celui du Colimaçon, si bien décrit par Cuvier dans son mémoire sur l'anatomie de ce Mollusque.

La bouche s'ouvre à l'extrémité antérieure du corps au-dessous de cette portion que Draparnaud a appelée *mufle*. Cet orifice est entouré de lèvres épaisses, très-contractiles, et conduit dans une cavité buccale assez spacieuse, dont les parois sont

(1) Leydig, *Traité d'histologie comparée*, p. 316, et *Zur Anatomie und Physiologie der Lungenschnecken : Das Ohr*, p. 58.

(2) Voy. fig. 31.

(3) De Lacaze-Duthiers, *loc. cit.*, p. 158.

très-musculeuses. C'est à cette partie arrondie et renflée qu'on donne le nom de *bulbe pharyngien* ou de *masse buccale* (1). A cette masse buccale s'attache, ainsi que nous l'avons vu, un muscle puissant, et qui, en se contractant, la ramène en dedans. « Alors, dit Cuvier, la partie la plus voisine de la peau la suit et forme un petit canal au devant d'elle ; quand elle se porte eu avant, cette portion de la peau ressort et contribue seulement à dilater les lèvres (2). »

A propos des organes du tact, nous avons parlé des lobes labiaux qui sont placés latéralement au-dessous de l'orifice buccal et nous en avons fait connaître la structure ; nous n'y reviendrons pas. Nous avons indiqué aussi les petits muscles qui s'insèrent extérieurement sur la masse buccale ; c'est maintenant celle-ci que nous devons étudier en elle-même. Sa paroi est essentiellement musculaire ; elle est recouverte en dehors de tissu conjonctif, et elle présente en dedans un épithélium. La couche musculaire se continue avec celle de la peau et offre avec elle une analogie complète. Le tissu conjonctif qui la revêt extérieurement se compose de cellules assez grandes qui renferment parfois des vésicules graisseuses ou du carbonate de chaux. L'épithélium qui tapisse la cavité buccale se continue avec l'épiderme, mais il en diffère à quelques égards. Les cellules qui le composent sont cylindriques comme celles de l'épiderme, mais plus développées. La cuticule surtout s'y montre plus épaisse et laisse voir la trace de sa division en couches séparées. Cet épithélium n'est pas vibratile, sauf peut-être en un point signalé par M. Semper et formé par « une saillie qui, partant du fond, s'étend assez en avant sur la paroi supérieure de la cavité buccale » (3).

Dans cette cavité on trouve un appareil maxillaire composé de pièces de consistance cornée au nombre de deux. L'une d'elles est implantée dans la voûte et est assez improprement appelée *mâchoire;* l'autre repose sur le plancher de la bouche et

(1) Cuvier, *loc. cit.*, p. 116.
(2) Voy. fig. 33 *a.*
(3) Carl Semper, *loc. cit.*, p. 354.

est désignée sous le nom de *langue*. La pièce supérieure ressemble beaucoup, suivant la remarque de Van Beneden, au bec des Céphalopodes, à cause de la saillie recourbée qu'elle présente en avant (1). Cette partie est colorée en brun. La langue, moins dure et moins résistante que la mâchoire, offre dans les Gastéropodes une disposition qui a été étudiée avec soin dans différentes espèces par Lebert (2), Huxley (3), Speyer (4), Claparède (5), Semper (6), etc., et qui est par conséquent bien connue aujourd'hui. Sur ce point, Van Beneden (7), dont le mémoire est antérieur aux travaux de ces zoologistes, se borne à dire : « La pièce inférieure est beaucoup moins solide que la pièce supérieure et se trouve repliée vers son milieu sur elle-même ; elle est divisée en deux parties : l'une, postérieure, est adhérente aux muscles ; l'autre moitié est entièrement libre et mobile, et peut jouer dans la cavité de la bouche : c'est sans doute à cause de cela qu'elle a reçu le nom de langue. »

On voit qu'il n'est question dans ce passage que de la râpe linguale et non de l'appareil lingual dans son ensemble, dont la disposition ne fut étudiée que quelques années plus tard par Lebert. Cet appareil se compose d'une partie fondamentale cartilagineuse (8) ayant la forme d'un fer à cheval dont les branches sont dirigées en arrière et donnent attache chacune à un muscle puissant (9) ; c'est sur cette saillie que repose la lame

(1) Voy. fig. 35.

(2) Lebert, *Beobachtungen über die Mundorgane einiger Gasteropoden* (*Müller's Archiv*, 1846. p. 435).

(3) Huxley, *On the Morphology of the Cephalous Mollusca* (*Philos. Trans.*, 1853, p. 58).

(4) Speyer, *Zootomie der* Paludia vivipara. Cassel, 1855.

(5) Claparède. *Anatomie und Entwickelungsgeschichte der* Neritina fluviatilis (*Müller's Archiv*, 1857, p. 144 et suiv.).

(6) Carl Semper, *loc. cit.*, p. 354, et *Zum feineren Baue der Molluskenzunge* (*Zeitschrift für wissenschaftliche Zoologie*, 1858, t. IX, p. 271).

(7) Van Beneden, *loc. cit.*, p. 281.

(8) La nature cartilagineuse de cette partie de l'appareil lingual a été contestée par M. Semper, qui la considère comme musculaire ; mais l'étude attentive que nous en avons faite ne nous permet pas de nous ranger à cette manière de voir.

(9) Voy. fig. 34 *a*.

cornée qui constitue la langue. Celle-ci a 12 millimètres de longueur environ et est divisée en deux parties. comme l'a remarqué
Van Beneden ; elle est en rapport par sa partie moyenne avec la
cavité du cartilage lingual, et de là elle s'infléchit en avant et en
arrière. La partie antérieure est libre dans la cavité buccale ; la
partie postérieure, plus longue, n'est pas, ainsi que le dit Van Beneden, adhérente aux muscles ; elle est repliée longitudinalement
sur elle-même et elle s'engage dans un fourreau membraneux
dont l'extrémité postérieure forme comme une espèce de ma-
trice où se développe la râpe linguale.

Cette portion de l'appareil lingual est désignée sous le nom
de *papille* (1). Elle est placée entre les deux muscles latéraux
qui font suite en arrière au cartilage lingual, et se termine par
un petit tubercule arrondi qui fait saillie entre ces deux muscles
dans la cavité générale. En avant, elle présente une extrémité en
pointe, qu'on voit logée dans l'excavation que forme la concavité
du cartilage lingual et au-dessous de laquelle passe la langue,
pour aller s'engager dans la gaîne membraneuse que lui fournit
la papille. Cette extrémité antérieure s'unit aux muscles latéraux par deux prolongements qui se relient à leur tour avec la
paroi postérieure de l'œsophage, laquelle vient s'attacher à la
langue vers son milieu, divisant ainsi en deux la cavité buccale.

La structure de cette papille est principalement musculaire ;
elle est revêtue à l'extérieur de tissu conjonctif, et elle est formée
ensuite d'une couche de fibres musculaires disposées circulairement ; elle présente dans son centre une partie plus opaque,
constituée par un tissu assez rigide qui paraît être de nature
conjonctive.

La râpe linguale, dont nous avons décrit la forme d'une manière générale, présente à sa surface de petites éminences qui
ont été indiquées par M. Van Beneden. « Sur toute la surface de
cette lame, dit-il, on remarque des crochets très-fins qui servent
à retenir et à broyer les aliments, par le point d'appui qu'elle
offre à la dent supérieure. Ces crochets sont disposés d'une

(1) Voy. fig. 34 b.

manière très-régulière en formant des dessins qui semblent caractéristiques lorsqu'on les examine au microscope. Ce serait peut-être un moyen très-avantageux à employer pour la détermination des espèces denteuses (1). » — On voit par là que ce naturaliste a émis l'idée que la disposition de l'armature linguale pouvait offrir un caractère utile pour la classification, et cette idée a été plus tard poursuivie par divers zoologistes, par MM. Lovén et Troschel principalement (2).

Les papilles qu'on trouve à la surface de la langue du *Zonites algirus* sont coniques, et très-régulièrement disposées suivant des lignes transversales qui donnent à cette surface un aspect strié. Ces lignes elles-mêmes forment trois zones longitudinales, les rangées des zones latérales étant un peu obliques d'arrière en avant et de dedans en dehors par rapport à celles de la zone médiane auxquelles elles font suite, formant ainsi avec elles une ligne brisée ouverte en avant. Ces papilles, qu'on désigne souvent aussi sous le nom de *dents*, mesurent 0^{mm},15 de hauteur et 0^{mm},065 de largeur à la base (3). Suivant Moquin-Tandon, c'est dans cette espèce qu'elles seraient les plus fortes, et il leur attribue 0^{mm},2 de saillie (4). mais nous n'en avons pas observé d'aussi grandes.

Chaque papille se compose d'une partie basilaire surmontée d'un appendice conique qui en forme la pointe (5). Leur nombre est assez considérable : on en compte soixante-dix environ par rangée et il y a quatre-vingts rangées, ce qui porte leur nombre à cinq cent soixante à peu près.

On trouve à la surface inférieure de la langue un épithélium composé de cellules cylindriques assez courtes (0^{mm},02) pourvues de noyaux. La râpe linguale elle-même est formée, comme la mâchoire supérieure, de la substance qu'on appelle *chitine*.

(1) Van Beneden, *loc. cit.*, p. 281.

(2) Lovén, *Om Tungans beväpning hos Mollusker (Öfversigt af Vetenskaps-Akademiens Förhandlingar*, 1847, p. 175). — Troschel. *Das Gebiss der Schnecken zur Begründung einer natürlichen Classification*. Berlin, 1856.

(3) Voy. fig. 37 et 38.

(4) Moquin-Tandon, *loc. cit.*, t. I, p. 41.

(5) Voy. fig. 38.

Œsophage. — L'œsophage prend naissance à la partie supérieure de la masse buccale, au-dessus de la langue, à laquelle il
s'unit comme nous l'avons indiqué (1). Se dirigeant de là en
arrière, il passe dans l'anneau œsophagien, accompagné par les
canaux excréteurs des glandes salivaires dont nous nous occuperons plus tard. Après un trajet assez long de 4 centimètres
environ, il arrive à l'estomac.

Les parois de l'œsophage sont minces, membraneuses. Elles
sont formées par une couche musculaire recouverte extérieurement de tissu conjonctif et intérieurement d'un épithélium
cylindrique. D'après M. Semper, cet épithélium serait vibratile
par places disposées suivant des saillies longitudinales qu'on
observe dans l'œsophage, et dans les sillons qui séparent ces
saillies il n'y aurait pas de cils vibratiles (2). Dans le *Zonites
alyirus* nous n'avons reconnu en aucun point la présence de cils
vibratiles. La couche musculaire est composée de fibres extérieures longitudinales et de fibres circulaires placées en dehors
de celles-ci.

Estomac. — L'estomac se présente sous forme d'un sac
allongé, accolé au foie (3); sa longueur est de 4 à 5 centimètres.
Il n'offre rien de remarquable dans sa disposition; cependant.
à l'inverse de ce qui existe chez les Hélices, il se distingue nettement de l'œsophage à son origine par une dilatation bien
marquée, et le renflement qu'il forme est beaucoup plus considérable que chez celles-ci. Il se termine en un petit cul-de-sac
qui existe aussi dans l'estomac des Hélices, là où commence
l'intestin (4).

La structure histologique de l'estomac est la même que celle
de l'œsophage. On observe à sa surface interne des plis longi-
tudinaux qui sont coupés par des rides transversales. L'épithélium qui recouvre cette surface est cylindrique et nous n'y avons
pas observé de cils vibratiles. D'après M. Semper, cet épithélium

<hr>

(1) Voy. fig. 33 *b*.
(2) Carl Semper, *Beiträge zur Anat. und Physiol. der Pulmonaten*, p. 360.
(3) Voy. fig. 33 *e*.
(4) Fig. 33 *c*.

est vibratile chez l'*Helix*, mais seulement par places dans la partie antérieure, tandis qu'il l'est partout dans la partie postérieure, au voisinage du pylore (1). Leydig dit qu'il est dépourvu de cils, de même que l'intestin (2).

Intestin. — L'estomac s'ouvre par son orifice pylorique dans un intestin flexueux et cylindrique. Cet intestin présente deux renflements (3), puis, se repliant au niveau de la glande de l'albumine, il décrit une anse double ; après quoi il longe le côté droit de la glande de Bojanus, et, se dirigeant en avant avec le canal excréteur de cette glande, il suit la paroi de la cavité pulmonaire pour venir se terminer par l'anus à côté de l'orifice respiratoire (4). L'intestin développé mesure 12 centimètres environ.

La composition histologique du tube intestinal est telle qu'on la connaît dans les Gastéropodes pulmonés en général. La couche musculaire, qui en est la partie essentielle, comprend deux ordres de fibres, les unes longitudinales, qui sont extérieures, les autres circulaires, qui sont intérieures. En dehors, on trouve une couche de substance conjonctive qui forme un revêtement séreux, et en dedans un épithélium composé de cellules cylindriques et munies de cils vibratiles, suivant M. Semper. Siebold nie la vibratilité de cet épithélium chez certains Gastéropodes, parmi lesquels les *Helix* (5). Carl Semper soutient au contraire que le mouvement vibratile existe chez tous les Pulmonés, sans exception (6). Leydig, dans son *Histologie comparée*, tombe à cet égard dans une singulière contradiction. Il dit, en effet, d'une part : « Dans l'*Helix hortensis* l'épithélium œsophagien ne vibre que sur des bandes longitudinales déterminées; *l'estomac et l'intestin paraissent être dépourvus de cils* (7). » Or, sur la figure qu'il donne à la page suivante représentant une coupe à travers

(1) Carl Semper, *loc. cit.*, p. 361.
(2) Leydig, *Traité d'histologie comparée*, p. 376.
(3) Voy. fig. 33 *f, f.*
(4) Fig. 45 *i.*
(5) Siebold et Stannius, *loc. cit.*, t. I, p. 317, note 1.
(6) Carl Semper, *loc. cit.*, p. 363.
(7) Leydig, *loc. cit.*, p. 376.

la paroi intestinale de ce même *Helix*, les cils sont fort nettement dessinés et de plus mentionnés dans la légende. Chez le
Zonites algirus, nous n'avons pu constater l'existence de ces cils
vibratiles dont les mouvements détermineraient un courant dirigé
de l'estomac vers l'anus. L'observation de ces cils vibratiles, si tant
est qu'ils existent, serait en tout cas fort difficile, car M. Semper,
qui admet leur présence chez tous les Pulmonés sans exception,
dit lui-même que « ce mouvement vibratile ne peut être distingué souvent que par ce fait que des corps flottant lentement
sont tout à coup entraînés dans le tourbillon » (1). Or, en ce
cas, l'erreur est facile, car une cause accidentelle peut produire
souvent sur le porte-objet des courants qui entraînent les corpuscules flottant ou en suspension dans le liquide.

La position de l'anus est dans le *Zonites*, comme dans les
Helix, à droite de l'orifice respiratoire.

Au tube digestif sont annexés des organes glandulaires dont
nous devons maintenant nous occuper : ce sont les glandes
salivaires et le foie.

GLANDES SALIVAIRES.

Les glandes salivaires sont au nombre de deux et entourent
l'œsophage comme d'un anneau (2). Les canaux excréteurs (3),
l'un à droite, l'autre à gauche de l'œsophage, passent avec lui
dans le collier œsophagien, et viennent, à travers les parois de
la masse buccale, s'ouvrir sur les côtés de la langue. Ces glandes
sont beaucoup plus concentrées que dans le Colimaçon, où,
ainsi que l'a décrit et figure Cuvier, elles s'étendent en lobules
minces et irréguliers sur la surface externe de l'estomac, qu'elles
embrassent. Dans la Limace, la disposition de ces glandes se
rapproche davantage de celle que présente le *Zonites ;* elles
s'étendent moins et ne se prolongent pas si loin en arrière
que celles du Colimaçon. En effet, « elles ne dépassent pas, dit

____

(1) Carl Semper, *loc. cit.*, p. 363.
(2) Voy. fig. 33 *g*.
(3) Fig. 33 *d, d*.

ARTICLE N° 3.

Cuvier, la première dilatation qui marque la limite de l'œsophage et de l'estomac » (1). On voit donc que ces organes présentent dans le *Zonites* un plus haut degré de perfection, car leurs éléments sont plus rapprochés, moins épars et forment un tout mieux circonscrit.

Ces glandes ont une couleur jaune grisâtre. Leur étude histologique dans les Gastéropodes pulmonés a été faite avec soin par Carl Semper (2). Elles sont constituées par des cellules isolées, enveloppées chacune d'une membrane conjonctive qui se prolonge en un point sous forme d'un canal excréteur aboutissant au canal excréteur commun. Leydig range ces glandes dans le second des groupes entre lesquels il divise les glandes salivaires des Invertébrés, c'est-à-dire parmi « les glandes monocellulaires, mais *dont la membrane est close* et ne se prolonge pas en un conduit d'excrétion ; elles ne sont appelées glandes monocellulaires que parce que chacune d'elles est placée dans une *tunica propria* (3).

» À ce schéma appartiennent les glandes salivaires des Gastéropodes terrestres (*Helix. Limax*, etc.) (4). »

Le canal excréteur est composé de trois couches : une extérieure, conjonctive ; une moyenne, musculaire, et une interne, épithéliale, qui, d'après Siebold, porte des cils vibratiles (5) ; mais nous n'avons pu constater la présence de ces cils, malgré que nous les ayons recherchés à de forts grossissements (objectif

(1) Cuvier, *loc. cit.*, p. 18.

(2) Carl Semper, *loc. cit.*, p. 363.

(3) Cette dénomination ne nous semble pas heureuse. On ne peut appeler légitimement glandes monocellulaires que celles qui sont constituées par une cellule isolée, c'est-à-dire celles que Leydig range dans un premier groupe, sous le nom de *glandes réellement monocellulaires*. Toutes les autres sont des glandes qui sont composées d'un certain nombre de cellules, quel qu'en soit l'arrangement, et auxquelles peut s'appliquer par conséquent la dénomination de *polycellulaires* que Leydig réserve, à tort selon nous, pour celles dont il forme son troisième groupe et dans lesquelles chaque diverticulum conjonctif, au lieu de renfermer une seule cellule, comme dans le cas précédent, en renferme plusieurs. Les unes pourraient être appelées plus exactement *glandes composées à acini monocellulaires*, et les autres *glandes composées à acini polycellulaires*.

(4) Leydig, *Histologie comparée*, p. 396.

(5) Siebold et Stannius, *loc. cit.*, p. 320.

à immersion n° 7 de Nachet). M. Semper dit également qu'il n'a
jamais réussi à les reconnaître chez les Pulmonés, malgré tous
les soins qu'il a pris, si ce n'est pourtant chez le *Limnæus* (1).
Le tissu conjonctif qui forme la couche externe de ce canal se
continue avec celui qui unit les différents lobules glandulaires,
et qui les entoure ; il est composé de cellules volumineuses.

FOIE.

Le foie du *Zonites algirus*, comme celui de tous les animaux de ce groupe, est très-volumineux. Il constitue une
masse lobuleuse, de couleur olivâtre, qui entoure l'estomac et l'intestin, et remplit, avec une partie des organes reproducteurs, les
tours supérieurs de la coquille. Ainsi que l'a indiqué Van Beneden, « il est divisé en deux parties, dont l'une forme avec l'ovaire
le tortillon, tandis que l'autre entoure les intestins en forme de
lobules » (2). La première de ces parties comprend deux et la
seconde trois lobules (3). Ces lobes sont unis aux replis que
forme le tube digestif par du tissu cellulaire et par les nombreuses
ramifications de l'artère hépatique. Les différents canaux biliaires
se réunissent, pour chacune des deux portions du foie, en un canal
commun qui s'ouvre à côté du pylore, de sorte qu'il y a en définitive deux canaux excréteurs distincts, s'ouvrant isolément dans
le tube digestif (4), ce qui paraît avoir échappé à Van Beneden.
Cette disposition, qu'on observe dans le *Zonites algirus*, s'éloigne
donc de celle qu'on trouve dans le Colimaçon, où le foie ne présente pas ainsi une division complète en deux parties, munies
chacune d'un canal excréteur particulier, mais dont les quatre
lobes ont un canal excréteur commun. Elle offre au contraire de
l'analogie avec celle qu'on rencontre dans la Limace, où il y a
deux canaux excréteurs, dont l'un pour les trois lobes antérieurs,
et l'autre pour les deux lobes postérieurs du foie (5).

(1) Carl Semper, *loc. cit.*, p. 366.
(2) Van Beneden, *loc. cit.*, p. 282.
(3) Voy. fig. 39.
(4) Voy. fig. 39 *c, c'*.
(5) Cuvier, *loc. cit.*, p. 20.

ARTICLE N° 3.

Les travaux de Karsten (1), Meckel (2). Leidy (3), etc., ont fait connaître dans tous ses détails la structure du foie des Gastéropodes : nous n'y insisterons pas longuement.

Les utricules qui entrent dans la composition des lobules hépatiques sont formés par une membrane conjonctive limitant la cavité qui renferme les cellules de sécrétion.

Leydig a signalé la présence d'éléments musculaires dans la structure du foie des Mollusques. « Il est intéressant de remarquer, dit-il, que des muscles peuvent être appliqués autour de la *tunica propria*. J'en ai vu, soit dans l'enveloppe péritonéale du foie, soit entre les follicules de la Paludine (4). » Nous les avons recherchés dans le *Zonites*, où nous avons pu constater également leur existence.

Les cellules hépatiques sont irrégulièrement polyédriques par pression réciproque ; une fois isolées, elles se montrent souvent sphériques (5). Elles sont de dimension variable, et atteignent jusqu'à 0^{mm},05 de diamètre, quand elles sont entièrement développées ; les plus jeunes sont les plus petites et d'une grandeur moindre. Ces cellules contiennent des corpuscules de couleur jaune, en quantité plus ou moins grande ; certaines d'entre elles en sont dépourvues, et ne renferment qu'une substance liquide également jaune.

Les canaux hépatiques sont formés de tissu de substance conjonctive, au milieu duquel j'ai observé la présence de fibres ténues qui m'ont paru de nature musculaire ; leur surface interne est tapissée d'une couche d'épithélium, sur lequel je n'ai pu reconnaître des cils vibratiles.

(1) Karsten, *Disquisitio microscopica et chimica hepatis et bilis Crustaceorum et Molluscorum* (*Nova Acta Acad. nat. curios.*, t. XXI, p. 295 et suiv.).

(2) H. Meckel, *Mikrographie einiger Drusenapparate der niederen Thiere* (*Müller's Archiv für Anat. und Physiol.*, 1846, p. 1).

(3) Leidy, *Researches on the comp. structure of the Liver* (*American Journal of the Medical Sciences*, 1848).

(4) Leydig, *loc. cit.*, p. 411.

(5) Voy. fig. 40.

SYSTÈME CIRCULATOIRE.

Le système circulatoire des Mollusques en général a été l'objet d'observations si nombreuses et en particulier d'une étude si exacte de la part de M. Milne Edwards, qu'il est aujourd'hui parfaitement connu dans son ensemble. On sait que, chez les Gastéropodes pulmonés, le cœur est simple, et se compose d'un seul ventricule et d'une seule oreillette. Il est enveloppé d'un péricarde, et situé dans la région dorsale de l'animal. L'aorte, qui conduit le sang dans les diverses parties du corps, se divise en deux artères : l'une qui se dirige en arrière, et qu'on nomme *artère hépatique*, parce qu'elle se distribue principalement au foie ; l'autre qui, après s'être infléchie en bas, se dirige en avant, et qu'on appelle *artère céphalique*. Le sang porté par ces vaisseaux va se répandre dans les lacunes interorganiques, ainsi que l'a péremptoirement démontré M. Milne Edwards (1). Ce système lacunaire communique avec un canal qui occupe le bourrelet marginal du manteau, et qui embrasse la partie antérieure de la chambre pulmonaire. Il s'ouvre dans le réseau vasculaire, à mailles très-serrées, qui existe dans la paroi de cette chambre, et qui correspond au réseau capillaire du poumon où s'opère l'hématose chez les animaux supérieurs. Ce réseau vasculaire reçoit en outre le sang qui lui est apporté par les ramifications d'un canal veineux, qu'on observe le long de la cavité pulmonaire, à côté de l'intestin qu'il accompagne jusqu'au voisinage de l'anus. De là le sang est ramené au cœur par des vaisseaux veineux, nettement circonscrits, qui se réunissent en un seul tronc, la *veine pulmonaire*, laquelle se rend à l'oreillette. L'ensemble de cette circulation a été parfaitement décrit par M. Milne Edwards, et représenté pour le Colimaçon dans les planches 20 et 21 du *Voyage en Sicile ;* nous ne pouvons mieux faire que d'y renvoyer le lecteur.

Nous devons mentionner encore dans l'appareil circulatoire

<hr>

(1) *Voyage en Sicile*, t. I, p. 89. — *Ann. sc. nat.*, 3ᵉ série, t. III, p. 289, et t. VIII, p. 71. — *Leçons sur l'anatomie et la physiologie comparée*, t. III, p. 146.

ARTICLE N° 3.

une espèce de système porte, indiqué par Treviranus, et qui consiste en un vaisseau, lequel débouche dans le tronc de la veine pulmonaire, et envoie ses nombreuses ramifications dans la substance du rein, qui occupe la partie postérieure et supérieure de la cavité pulmonaire.

Le péricarde, dans lequel est situé le cœur avec son oreillette, consiste dans une sorte de sac sans ouverture, recouvrant d'un côté le cœur, qui semble suspendu dans son intérieur, et adhérant de l'autre à la membrane qui limite la cavité pulmonaire, au fond de laquelle il est placé, à côté du rein, dont il longe le bord externe (1). La composition du péricarde est plus complexe qu'on ne le croirait au premier abord, vu sa finesse et sa minceur. On y trouve en effet des fibres musculaires semblables à celles qu'on rencontre dans les autres parties du corps, et qui sont entre-croisées dans tous les sens, de manière à constituer un tissu assez serré. Ces fibres musculaires sont unies entre elles par du tissu conjonctif; enfin, la surface interne du péricarde est recouverte d'un épithélium cylindrique composé de cellules assez courtes, à noyau volumineux. Nous nous sommes assuré de la structure musculaire du péricarde par l'emploi d'un mélange formé d'acide nitrique et d'acide chlorhydrique par parties égales, dilués dans 10 parties d'eau. Après avoir fait macérer dans ce liquide, pendant trois ou quatre jours, un lambeau de la membrane péricardique, les fibres musculaires sont faciles à dissocier et se présentent avec une parfaite netteté.

Le cœur, entouré par le péricarde, occupe chez le *Zonites algirus* une position presque longitudinale, l'oreillette étant en avant et le ventricule en arrière. Il diffère en cela de ce qu'on observe chez l'*Helix Pomatia*, où il se dirige transversalement, l'oreillette à droite et la pointe à gauche, ainsi que l'a indiqué Cuvier (2). L'oreillette et le ventricule sont en forme de pyramides, et se correspondent par leur base, mais sont séparés par un étranglement bien marqué qui forme une espèce de pédicule (3). L'oreil-

(1) Voy. fig. 45 p.
(2) Cuvier. *loc. cit.*, p. 24. et pl. 2, fig. 1.
(3) Voy. fig. 41 c et fig. 45.

lette est plus petite que le ventricule, et cela dans le rapport de
1 à 3 environ. On sait que, chez certaines espèces, c'est l'inverse
qui a lieu (Testacelle).

La surface externe du cœur est tapissée par un épithélium
cylindrique, qui se continue avec celui dont la cavité péricardique est revêtue. Les parois de l'oreillette et celles du ventricule
sont essentiellement musculaires ; mais celles de l'oreillette sont
très-minces, et à cause de cela paraissent transparentes, tandis
que celles du ventricule, beaucoup plus épaisses, sont opaques.
Dans l'un et dans l'autre, la surface interne est recouverte d'un
épithélium à cellules aplaties, ayant l'apparence d'un épithélium
pavimenteux.

L'orifice qui met en communication le ventricule avec l'oreillette, par l'intermédiaire du petit canal résultant de l'étranglement dont nous avons parlé, présente un appareil valvulaire,
que Cuvier a fait connaître dans les *Helix*. « Son entrée du côté
de l'oreillette, dit-il en parlant du ventricule, est garnie de deux
valvules membraneuses, de forme à peu près carrée, tournées
de manière qu'elles y laissent venir le sang du poumon par
l'oreillette, mais qu'elles ne le laissent pas ressortir de ce côté-
là (1). » Ces valvules ne sont pas planes, et forment par leur
face ventriculaire une concavité, de sorte qu'en se mettant en
contact l'une avec l'autre par leur bord libre, elles ferment l'orifice auriculo-ventriculaire, et s'opposent au retour du sang dans
l'oreillette, comme le montre la figure schématique 41. De plus,
ces valvules ne sont pas simplement membraneuses et constituées par un repli de l'*intima* conjonctive ; mais on trouve des
éléments musculaires dans leur composition.

Vaisseaux périphériques. — La structure des artères dans les
Gastéropodes est bien connue, et elle présente dans le *Zonites
algirus* les mêmes caractères que dans l'*Helix Pomatia* (2). On
y distingue une membrane externe, de nature conjonctive ou
adventitia, formée de cellules volumineuses qui renferment sou-

(1) Cuvier, *loc. cit.*, p. 24.
(2) Leydig, *loc. cit.*, p. 494.

vent des corpuscules jaunâtres (1). On rencontre ensuite une
tunique de nature musculaire (2), qui se compose de fibres disposées en treillis, les unes étant longitudinales et les autres circulaires. Enfin, à l'intérieur, on trouve un revêtement épithélial. Sur les gros troncs, la couche conjonctive externe a une
épaisseur considérable, qui diminue à mesure que le vaisseau
se ramifie, en même temps que la couche musculaire disparaît
peu à peu, et alors cette couche conjonctive se confond avec le
tissu interstitiel des organes, de sorte qu'on ne peut réussir à en
voir nettement la terminaison. Il est impossible en ces points-là
de reconnaître aux vaisseaux une membrane propre ; le sang
s'épanche alors dans les lacunes interorganiques.

Au sujet de ces espaces lacunaires, tous les naturalistes ne
sont pas d'accord, et il en est quelques-uns parmi eux qui n'admettent pas l'opinion soutenue par M. Milne Edwards dans ses
remarquables travaux sur la constitution de l'appareil circulatoire chez les Mollusques ; pourtant l'exactitude de la description donnée par l'éminent professeur est hors de doute, et
il ne peut y avoir désaccord que dans l'interprétation des faits.
Pour les adversaires de M. Milne Edwards, en effet, les lacunes
ne seraient autre chose que des veines qui se seraient extra-
ordinairement développées, et dont les parois amincies adhé-
reraient à la surface des organes environnants et se confon-
draient avec elle. C'est là la manière de voir que Moquin-
Tandon, se basant sur l'opinion de Gratiolet, a formulée, dans
son *Histoire naturelle des Mollusques*, de la façon suivante :
« Des observations exactes, dit-il, ont montré que les Gastéropodes ne sont pas privés de ce système (veineux) ; seulement
leurs veinules, au lieu d'être tubuleuses, comme celles des
animaux supérieurs, se trouvent à l'état de *sinus*, analogues à
ceux de la dure-mère des Vertébrés. La membrane excessive-
ment mince qui forme ces sinus tapisse exactement les interstices
des fibres musculaires et les grandes cavités du corps. On a pris

(1) Voy. fig. 42 *a* et fig. 44.
(2) Fig. 42 *b*.

d'abord ces sinus pour des *lacunes*, et l'on a conclu que l'appareil circulatoire des Mollusques était un appareil interrompu ou incomplet (1). »

Cette façon d'interpréter les choses n'étant pas en contradiction avec les résultats mêmes auxquels M. Milne Edwards était arrivé par l'expérimentation physiologique, la difficulté ne pouvait être résolue que par l'étude histologique des parois de ces prétendus vaisseaux. Pour être autorisé à les considérer comme tels, il fallait leur reconnaître une paroi propre, constituée par une membrane indépendante des parties voisines, quoique appliquée sur elles. Or l'examen le plus attentif montre qu'il n'en est pas ainsi, et par conséquent, au point de vue morphologique, on ne saurait considérer ces sinus veineux que comme des cavités creusées dans le tissu conjonctif interorganique. C'est là aussi la pensée de Leydig, lorsqu'il cherche à définir ce qu'on doit entendre par cette expression de *lacunes*, tout en faisant observer combien il est difficile d'établir rigoureusement la limite qui sépare un vaisseau sanguin d'une voie sanguine interstitielle; car il y a des états qui forment comme le passage de l'un à l'autre, quand les vaisseaux ne sont plus limités que par une simple couche conjonctive.

« Chez les Mollusques, dit-il, les vaisseaux périphériques ont pour ainsi dire dans la règle subi cette dégradation. Dès que les ramifications artérielles n'ont plus de muscles, la paroi conjonctive du vaisseau se confond avec le tissu conjonctif interstitiel ; celui-ci tantôt forme des mailles par l'enchevêtrement de ses faisceaux, tantôt circonscrit de grandes cavités, mais toujours de telle sorte que ces cavités se continuent avec les vaisseaux. Par conséquent, si j'emploie le nom de *lacunes*, je n'entends pas par là des *cavités sans parois*, mais bien des cavités et des canaux qui sont délimités par de la substance conjonctive: mais *celle-ci n'est pas distincte du reste du tissu conjonctif*; au contraire, l'autre face de la paroi conjonctive peut représenter la *tunica propria* d'une glande, ou le sarcolemme d'un muscle, ou le névri-

____

(1) Moquin-Tandon, *loc. cit.*, t. I, p. 89.

lème, etc. Fréquemment, par exemple, dans la Paludine, entre les follicules hépatiques, ou chez les Céphalopodes et les Acéphales, dans le pied, la charpente des cavités conjonctives où le sang chemine est aussi tissée de muscles. Sur les canaux veineux qui conduisent le sang provenant des interstices du corps vers les organes respiratoires, les muscles se disposent autour des vaisseaux et les enveloppent de leurs mailles, de telle sorte qu'il devient alors possible de reconnaître aux vaisseaux une certaine autonomie (1). »

On voit donc que l'étude histologique confirme et légitime l'opinion de M. Milne Edwards, car là où l'on ne peut distinguer de paroi propre, limitant la cavité qui contient le sang, on est autorisé à regarder celle-ci non comme un vaisseau, mais comme une lacune interorganique.

Ce système lacunaire, qui correspond au réseau capillaire des animaux supérieurs, comprend la cavité générale, le sinus péricardique, une lacune sanguine du rein et le canal creusé dans le pied. Erdl (2), cité par de Siebold, a décrit, dans l'espèce qui nous occupe, des réseaux veineux sur l'appareil digestif, et il en a donné une figure qui a été reproduite par Carus et Otto (3). « Mais je les regarde, dit de Siebold, comme des réseaux artériels, et cela avec d'autant plus de raison, que nulle part, dans sa dissertation, Erdl ne démontre une communication directe entre les veines et les artères (4). » Nos propres observations nous paraissent d'accord avec cette manière de voir; mais nous avons eu le regret de ne pouvoir prendre connaissance du travail même de Erdl, qu'il nous a été impossible de nous procurer.

Sang. — Le sang du *Zonites algirus* est, comme celui des Hélices, d'une couleur légèrement opaline et bleuâtre. Le plasma y domine, et il tient en suspension des globules en nombre peu considérable. Il ne renferme qu'une très-faible proportion de

(1) Leydig, *loc. cit.*, p. 196.
(2) Erdl, *Dissertatio inaug. de Helicis algiræ vasis sanguiferis*, 1840.
(3) Carus et Otto, *Tabul. Anat. comp. illustr.*, pars VI, pl. 2, fig. 5.
(4) Siebold et Stannius, *loc. cit.*, t. I, p. 325, note 4.

fibrine ; on y a reconnu la présence de sels calcaires, carbonates et phosphates de chaux ; de là l'effervescence signalée par Carus (1), quand on le soumet à l'action d'un acide.

Les corpuscules sanguins sont constitués par des cellules sphériques (2) qui sont pourvues d'un noyau difficile à apercevoir, mais qui devient distinct sous l'influence de l'acide acétique. Ces corpuscules, qui, du reste, n'ont pas tous le même volume, ont en moyenne $0^{mm},005$, tandis que chez l'*Helix Pomatia*, ils n'ont, suivant Prévost et Dumas, que $0^{mm},002$.

Leydig a figuré dans la Paludine vivipare (3) des globules à forme dentelée, qu'on retrouve aussi dans les autres espèces, mais qui, selon l'opinion émise par Carl Semper (4), paraissent être produits accidentellement, peut-être par l'action de l'air. En effet, si, comme l'indique cet observateur, on porte avec rapidité la préparation sous le microscope, on peut voir se produire de semblables saillies sur des cellules qui auparavant n'en présentaient aucune trace. En outre, si, sur une préparation convenablement faite, on examine le sang contenu dans le réseau pulmonaire, on n'y voit que des globules sphériques, tandis que ceux qui se sont échappés des vaisseaux présentent parfois des dentelures.

APPAREIL RESPIRATOIRE.

L'organe respiratoire des Gastéropodes pulmonés consiste en une cavité dont la voûte est occupée par le réseau vasculaire dans lequel se fait l'échange des gaz, et qu'on a nommée, par analogie de fonction avec le poumon des Vertébrés, *poumon* ou *sac pulmonaire*. Cette poche, à parois membraneuses et logée sous le dernier tour de spire de la coquille, présente dans le *Zonites algirus* une forme subtriangulaire, et renferme, dans sa partie postérieure le cœur et la glande de Bojanus (5).

(1) Carus, *Von den äussern Lebensbedingungen der weiss-und kaltblutigen Thiere*, p. 72. Leipsig, 1824.

(2) Voy. fig. 43.

(3) Leydig, *Ueber* Paludina vivipara (*Zeitschrift für wissensch. Zool.*, 1850, t. II).

(4) Carl Semper, *loc. cit.*, p. 378.

(5) Voy. fig. 43.

L'orifice pulmonaire est placé auprès de l'angle supérieur droit du collier, comme nous avons eu déjà l'occasion de l'indiquer en parlant de celui-ci. Il est ovalaire et assez grand.

La chambre dans laquelle il conduit a pour paroi inférieure la cloison diaphragmatique, sorte de plancher qui la sépare de la *grande cavité*. La paroi latéro-supérieure de cette chambre, qui constitue ce qu'on appelle la voûte, forme à droite, avec la paroi inférieure, un angle le long duquel cheminent le rectum et le canal excréteur de la glande urinaire. A gauche, cette ligne de jonction est moins nette. Sur cette voûte, on voit les ramifications du réseau vasculaire dans lequel le sang est soumis à l'action de l'air. Ces ramifications sont disposées suivant le type que Moquin-Tandon appelle *pectiné* (1), tandis que dans l'*Helix Pomatia*, c'est le type *arborisé* que l'on rencontre. Ces mots se définissent par eux-mêmes ; nous n'y insisterons donc pas. Du reste, la description anatomique du poumon des Gastéropodes pulmonés a été faite avec exactitude par divers auteurs, principalement par Cuvier (2), Treviranus (3), et en ce qui regarde l'espèce qui fait l'objet de ce travail, par Van Beneden (4) et par Erdl (5).

L'étude histologique de cet organe a été moins approfondie. Williams est le premier, croyons-nous, qui s'en soit occupé avec détail (6).

Si l'on examine la membrane mince et transparente qui forme le poumon, on trouve qu'elle est composée des mêmes éléments histologiques que la peau : elle comprend dans sa structure du tissu lamineux et des fibres musculaires ; elle est en outre sillonnée par les nombreux vaisseaux dont nous avons indiqué plus haut la disposition. La cavité pulmonaire est revêtue d'un épithélium à cellules prismatiques ; ces cellules mesurent $0^{mm},025$

(1) Moquin-Tandon, *loc. cit.*, t. I, p. 73.

(2) Cuvier, *loc. cit.*, p. 21.

(3) Treviranus, *Beobachtungen a. d. Zool. und Physiol.*, tab. 8, fig. 57 et 58.

(4) Van Beneden, *loc. cit.*, pl. 10, fig. 3.

(5) Erdl, reproduit par Carus, *Erlaüterungstafeln*, tab. 2, fig. 10.

(6) Williams, *On the Mecanism of aquatic Respiration* (*Ann. of nat. Hist.*, 1856, t. XVII, p. 147).

environ de longueur et 0^{mm},006 de largeur. Par places et parti-
culièrement sur le trajet des gros vaisseaux, ces cellules épithéliales portent des cils vibratiles courts, à mouvements vifs. Ce fait
a été indiqué avec soin par Williams dans les *Limaces* et dans
l'*H. aspersa*. Après avoir dit que cet épithélium ciliaire existe
indubitablement sur différentes parties de la cavité respiratoire
dans toutes les espèces de Limaces, l'auteur ajoute en note :
« J'attire d'une manière toute spéciale l'attention sur ce point,
parce que jusqu'ici tous les anatomistes ont nié la présence d'un
épithélium ciliaire à la face intérieure de la chambre respiratoire
des Gastéropodes pulmonés. J'ai mis ce fait hors de doute par
des observations répétées (1). » Plus loin il dit encore : « Comme
dans la Limace, la paroi interne de la chambre respiratoire de
l'*Helix aspersa* est incontestablement revêtue d'un épithélium
ciliaire sur différents points. On ne peut toutefois reconnaître la
présence de ces cils que sur le trajet des vaisseaux les plus volumineux, et par-ci par-là dans les dépressions qui les avoisinent (2). »

Chose singulière ! postérieurement aux travaux de Williams,
l'existence même du revêtement épithélial a été mise en doute
dans la cavité respiratoire des Gastéropodes terrestres, et Leydig,
dans son *Traité d'histologie comparée*, dit n'avoir pu en constater
la présence (3) ; pourtant celle-ci est manifeste par l'observation
directe, et plus encore, si l'on traite un lambeau de membrane,
par une solution du nitrate d'argent au 400°.

La membrane respiratoire, dont la structure est essentiellement musculaire, se compose de fibres qui, pour la plupart, suivent une direction perpendiculaire au grand axe du corps, mais
qui s'entrecroisent avec d'autres fibres dirigées en sens divers.
Cette membrane est donc contractile, et cette contractilité est
évidente lorsqu'on dépouille de sa coquille un animal vivant ;
alors, en effet, on la voit se contracter et s'appliquer sur le plancher de la chambre pulmonaire. Ce phénomène présente un
intérêt général au point de vue du mécanisme de la respiration,

(1) Williams, *loc. cit.*, p. 148.
(2) *Ibid.*, p. 152.
(3) Leydig, *loc. cit.*, p. 435.

car il montre que le renouvellement de l'air est lié à la faculté qu'a la poche pulmonaire de se dilater et de se contracter, et non pas aux seuls mouvements d'élévation et d'abaissement du plancher de la chambre pulmonaire, comme on le dit le plus souvent. Cuvier avait soupçonné qu'il devait en être ainsi. Il dit en effet : « La dilatation de la cavité pour prendre de nouvel air est due en grande partie à la contraction de la cloison inférieure, qui, s'aplatissant, repousse en dehors les organes qui sont dessous, tandis que la supérieure reste tapissant la concavité de la coquille. C'est un mécanisme analogue à celui de notre diaphragme. Il faut pourtant qu'il y ait des actions musculaires d'un autre genre, car, d'une part, l'animal respire et fait gonfler son poumon, même lorsque la portion de coquille qui le recouvre est enlevée ; d'autre part, il respire aussi lorsque, entièrement rentré dans sa coquille, il ne peut guère abaisser son diaphragme (1). » Ces actions musculaires dont Cuvier reconnaissait la nécessité sont justement celles qui résultent de la contractilité de la membrane respiratoire.

Dans l'épaisseur de cette membrane, on constate l'existence d'organes glandulaires analogues à ceux qu'on trouve dans la peau. Le produit de leur sécrétion sert à maintenir la surface respiratoire dans un état convenable d'humidité. Ces organes glandulaires ne sont pas les seuls, et dans l'espèce qui nous occupe il existe en outre une glande qui, placée dans l'intérieur de la cavité pulmonaire, a son orifice au bord du pneumostome (2). Nous n'avons vu nulle part cette glande mentionnée ni décrite, et Van Beneden ne paraît pas l'avoir remarquée, car il n'en dit rien dans son *Mémoire sur l'anatomie de l'*Helix algira.

Elle est assez volumineuse, blanche, ovoïde et un peu réniforme ; elle est placée derrière le collier, à côté du pneumostome et à gauche de cet orifice ; elle est appliquée contre la paroi antérieure de la cavité pulmonaire et adhère à cette paroi par la face qui lui correspond. Sa grande courbure regarde en haut,

(1) Cuvier, *loc. cit.*, p. 23.
(2) Voy. fig. 45 *g.*

la petite en bas; l'extrémité droite répond au bord du pneumostome et se confond avec le tissu voisin, tandis que l'extrémité opposée reste libre.

Les dimensions de cet organe sont assez considérables;
mesuré dans son grand diamètre, il a un centimètre environ; sa
hauteur est de 4 à 5 millimètres, et son épaisseur de 2 à 3 millimètres.

C'est une glande en grappe; en examinant au microscope un
petit lambeau de la glande, on peut voir plus ou moins bien
isolés les culs-de-sac formés par les acini (1). Si l'on pratique
une coupe transversale sur une glande durcie dans l'alcool, on
voit très-nettement la section de ces culs-de-sac glandulaires
limités par du tissu conjonctif (2). Leur diamètre est de
$0^{mm},18$ environ. On trouve dans leur intérieur des cellules glandulaires, de couleur jaunâtre, à contenu granuleux (3). Si l'on
fait une coupe transversale suivant le grand axe de la glande,
on voit un canal central dans lequel débouchent les acini (4). Ce
canal, au sortir de la glande, se dirige obliquement de gauche
à droite, et après un court trajet de 2 à 3 millimètres à travers le
tissu qui forme le collier, vient s'ouvrir extérieurement au voisinage du pneumostome et à gauche (5). On aperçoit là, en effet,
un petit orifice circulaire qui n'est autre que celui de ce canal
excréteur. En pressant doucement sur la glande, on voit sourdre
par cet orifice une matière visqueuse, filante, ayant l'aspect du
mucus. A l'examen microscopique, on y trouve des granulations,
des globules d'une matière très-réfringente qui paraît être de
nature albuminoïde, des cellules d'épithélium prismatique, des
cellules à contenu granuleux. La substance amorphe fondamentale présente un aspect strié qui s'accentue par l'action de l'acide
acétique.

Le liquide sécrété sert sans doute à lubrifier les bords de

(1) Fig. 46.
(2) Fig. 47.
(3) Fig. 48.
(4) Fig. 49.
(5) Fig. 50

l'orifice respiratoire. D'après M. Milne Edwards, en effet, les
bords du pneumostome sont continuellement lubrifiés par des
liquides visqueux sécrétés à leur surface, ou provenant des
organes glandulaires situés dans l'intérieur de la chambre respiratoire (1). Nous avons constaté dans les *Helix* (*H. aspersa*) où
l'on ne rencontre pas la glande que nous venons de décrire,
qu'il existait dans les bords mêmes du pneumostome des follicules
glandulaires qui ont sans contredit le même rôle et qui fournissent le liquide visqueux dont parle M. Milne Edwards comme
étant sécrété à la surface des bords de cet orifice. Pour ce qui
est des organes glandulaires mentionnés dans le même passage
comme situés dans l'intérieur de la chambre respiratoire, nul
doute qu'il ne s'agisse des follicules qui existent dans l'épaisseur
des parois de cette chambre. — La particularité anatomique
que nous avons observée dans le *Zonites algirus* est donc inté-
ressante en ce qu'elle nous montre dans cette espèce, agglomérés et formant une glande assez volumineuse, les éléments qui,
dans d'autres espèces, se trouvent répandus au milieu des tissus
eux-mêmes.

APPAREIL URINAIRE.

Les zoologistes sont aujourd'hui d'accord pour considérer
comme un appareil urinaire, chez les Gastéropodes pulmonés,
une glande volumineuse située à la partie postérieure et supérieure de la chambre respiratoire. entre le cœur et le rectum (2).
C'est l'analogue de celle qui est connue chez les Acéphales sous
le nom de *corps de Bojanus*, ce qui l'a fait quelquefois désigner
ainsi.

Longtemps on est resté sans connaître les fonctions de cet
organe que Swammerdam avait déjà décrit (3), et qu'il croyait
chargé de la sécrétion des sels calcaires. Cuvier le regardait
comme produisant l'humeur visqueuse que ces Mollusques ex-

(1) Milne Edwards, *Leçons sur la physiologie et l'anatomie comparée*, t. II, p. 87.
(2) Voy. fig. 45 r.
(3) Swammerdam, *Biblia Naturæ*, trad. in *Collect. acad.*, p. 72, et pl. 4, fig. 3.

crètent en grande abondance ; aussi lui donnait-il le nom d'*organe sécréteur de la viscosité* (1). Dœllinger et Wohnlich (2), les premiers, avaient pensé que c'était un appareil de dépuration urinaire ; cette opinion fut confirmée par les observations de Jacobson (3), qui constata l'existence de l'acide urique comme produit de sécrétion, et depuis elle a été adoptée par presque tous les naturalistes. Nous disons presque tous, car il en est quelques-uns qui n'ont pas accepté entièrement cette manière de voir. Moquin-Tandon, par exemple, conserve à cette glande, dans son *Histoire naturelle des Mollusques de France*, le nom de *glande précordiale* que lui avait donné Lister, « dénomination, dit-il, qui indique sa situation invariable et ne préjuge rien sur ses fonctions (4) ». En effet, ce malacologiste, tout en reconnaissant que la présence de l'acide urique donne à l'humeur sécrétée les caractères de l'urine, attribue néanmoins à l'organe qui la produit d'autres usages. « La glande dont il s'agit, dit-il, fournit encore la mucosité qui lubrifie la cavité respiratoire et les organes qui s'y trouvent. Enfin, et c'est peut-être sa fonction la plus importante, elle sécrète des granules calcaires destinés à la formation et à l'entretien de la coquille. » Cette opinion est aussi celle de M. de Saint-Simon (5). Nous ne faisons que la signaler, car elle est controuvée par les faits, et, d'accord avec l'immense majorité des observateurs, nous regarderons cet organe comme un rein.

Van Beneden, dans son Anatomie de l'*Helix algira*, ne consacre à la glande rénale que quelques mots. Il dit : « L'organe de la viscosité, que M. de Blainville regarde comme un organe de dépuration, est situé dans les parois supérieures du sac pulmo-

(1) Cuvier, *loc. cit.*, p. 26.

(2) Wohnlich, *Dissert. inaug. de Helice Pomatia et aliquibus aliis affinibus animalibus e classe Molluscorum gasteropodum*, p. 23. Wurtzbourg, 1813.

(3) Jacobson, *Om blöddyrenes Nyrer og om Urinsyren, som ved dem hos nogle of disse Dyr afsondres* (Das Videnskabernes Selskabs Afhandlinger, 1828, t. III, p. 324, et dans *Journal de physique*, t. XCI, p. 318).

(4) Moquin-Tandon, *loc. cit.*, p. 65.

(5) De Saint-Simon, *Observations sur la glande précordiale des Mollusques terrestres et fluviatiles*, in *Journal de conchyliologie*, 1851, t. II, p. 342.

naire, à côté du cœur et de la veine pulmonaire. Il est allongé, arrondi aux deux extrémités. Sa texture dénote sa nature glandulaire ; on l'aperçoit à l'extérieur, à travers la peau qui recouvre le dos (1).

Cette glande, d'un gris sale, a la forme d'un triangle allongé, dont la base serait en arrière et le sommet en avant. C'est de l'angle postérieur droit que part le canal excréteur qui chemine parallèlement au rectum auquel il est accolé, et va s'ouvrir à côté de l'anus (2). Ces deux orifices occupent sur le bord interne du collier le sommet d'un V formé par deux sillons qui les prolongent ; le sillon anal correspond exactement à l'angle droit supérieur du collier que nous avons décrit déjà, tandis que l'autre, passant par-dessus le pneumostome, aboutit en dehors au repli que forme le collier avec le cou de l'animal (3).

Suivant M. de Saint-Simon, on trouverait dans quelques cas, indépendamment de ce canal excréteur, un petit conduit qui irait déboucher dans l'intestin. « J'ai aussi observé, dit-il, dans le *Zonites cellarius* et l'*Helix maritima*, vers la portion de cet organe qui est en contact avec le foie, un autre conduit un peu grêle, contenant un grand nombre de grains crétacés, et paraissant aboutir à l'intestin (4). » Nous n'avons rien vu de semblable dans le *Zonites algirus*, et l'existence de ce petit conduit nous semble fort problématique. Suivant l'opinion de M. Milne Edwards, « il est probable que cet auteur aura pris un vaisseau sanguin pour un canal excréteur » (5).

La glande rénale consiste en une sorte de poche lamellée à sa surface interne, c'est-à-dire présentant des replis qui portent les *cellules de sécrétion*. La poche est constituée par du tissu cellulaire et ne laisse pas voir dans sa structure d'éléments musculaires ; elle n'est donc pas contractile. Les cellules de sécrétion qui revêtent la surface interne du rein sont petites (6) ; elles

(1) Van Beneden, *loc. cit.*, p. 282.
(2) Voy. fig. 45 c.
(3) Fig. 45 si, sc.
(4) De Saint-Simon, *loc. cit.*, p. 347.
(5) Milne Edwards, *loc. cit.*, t. VII, p. 378, note 1.
(6) Voy. fig. 51.

mesurent $0^{mm},03$ environ ; leurs parois sont minces, et elles
adhèrent faiblement les unes aux autres. Elles contiennent des
concrétions urinaires d'un jaune brun, qui présentent parfois des
zones concentriques. Ces concrétions se dissolvent dans la solution de potasse, et sont insolubles dans les acides (nitrique,
chlorhydrique), du moins en grande partie.

La membrane conjonctive qui enveloppe le rein se continue
avec le conduit extérieur, également formé de tissu conjonctif ;
la surface interne de ce conduit est recouverte par un épithélium vibratile à cils assez longs.

APPAREIL GÉNÉRATEUR.

L'appareil générateur des Gastéropodes androgynes a été
l'objet de travaux fort nombreux, principalement dans ces dernières années, travaux suscités par l'intérêt de cette étude, qui a
exercé d'une manière toute particulière la sagacité des naturalistes. L'historique de cette question est complétement traité dans
une excellente thèse due à M. Baudelot (1), dont la théorie physiologique sur la fécondation de ces animaux paraît être la plus
plausible, et nous ne saurions mieux faire, pour plus de détails,
que de renvoyer à cette œuvre. Du reste, il n'entre pas dans
notre plan de nous occuper de la physiologie des organes de la
génération, et de revenir sur les discussions qui ont été soulevées
à ce propos ; nous nous bornerons à indiquer les particularités
anatomiques qu'ils présentent chez le *Zonites algirus*. Nous y
insisterons même moins longuement que nous ne l'aurions fait
peut-être, si ce sujet n'avait été traité récemment par un malacologiste distingué de nos amis, M. E. Dubrueil, dans tout ce qui
touche au genre *Helix* (2).

Les organes génitaux du *Zonites algirus* sont constitués,
d'après le type fondamental que l'on trouve chez tous les Pul-

(1) E. Baudelot, *Recherches sur l'appareil générateur des Mollusques gastéropodes*
(Thèses de Paris, 1863, et *Ann. sc. nat.*).

(2) E. Dubrueil, *Étude anatomique et histologique sur l'appareil générateur du
genre* Helix. Montpellier, 1871.

monés, type qui reste le même, malgré de nombreuses variations de détail. Ils se composent d'abord d'une glande qui fournit à la fois des ovules et des spermatozoïdes, et qui porte pour ce motif le nom de *glande hermaphrodite*. De cette glande part un canal excréteur simple, qui, après un trajet plus ou moins long, se divise en un canal destiné à conduire l'élément mâle, *canal déférent*, et un canal où cheminent les œufs, *oviducte*. Le canal déférent va s'attacher au *pénis*, l'oviducte va déboucher dans le *vagin*.

A ces deux conduits sont annexés des organes glandulaires, comme la *glande de l'albumine* pour l'oviducte, les *prostates* pour le canal déférent ; mais ces organes varient dans leur nombre et dans leur disposition. Enfin, à l'oviducte se trouve rattachée une *poche copulatrice* ou *receptaculum seminis*.

Nous examinerons successivement ces diverses parties chez le *Zonites algirus*.

Glande hermaphrodite. — La glande hermaphrodite est plongée dans la substance même du foie, et logée dans le deuxième tour de spire de la coquille. Elle est peu volumineuse et peu distincte ; il faut une dissection attentive pour la mettre en évidence. Elle a une forme allongée assez irrégulière (1) ; sur son bord interne, un peu concave, règne le canal efférent, qui se bifurque. La glande est composée de granules assez gros, arrondis, blancs, un peu espacés. La substance du foie pénètre dans les interstices qui existent entre eux ; aussi est-ce avec raison qu'on peut dire que cet organe est plongé dans le foie.

Cette glande appartient par sa structure aux glandes en grappe composée ; cette disposition est facile à constater par l'examen microscopique. Elle se compose de lobules formés eux-mêmes d'un certain nombre d'acini. Ceux-ci s'ouvrent dans un canal excréteur commun pour chaque lobule ; ces canaux se réunissent ensuite en cinq ou six troncs qui forment en définitive le canal excréteur de la glande ou *canal efférent* (Baudelot).

(1) Voy. fig. 52 *g*.

Les follicules glandulaires sont formés d'une mince membrane conjonctive (*tunica propria*), revêtue intérieurement d'une couche d'épithélium cylindrique, dont les cellules, suivant certains observateurs, portent des cils vibratiles (1). Nous n'avons pu constater l'existence de ces cils vibratiles qui, à la vérité, ne seraient visibles qu'à une certaine époque de l'année, quand il n'y a pas d'œufs en voie de formation dans les follicules. Ceux-ci, on le sait, sont le siége commun du développement des ovules et des spermatozoïdes.

Le caractère hermaphrodite de la glande génitale est aujourd'hui hors de toute contestation, et a été péremptoirement établi par Meckel (2); mais la structure attribuée par ce naturaliste à la glande n'est pas exacte. Il considérait chaque follicule comme double, et formé de deux poches invaginées l'une dans l'autre : l'externe servant à la production des ovules (follicule ovarique), et l'interne à la production des spermatozoïdes (follicule testiculaire). Il pensait aussi que chacun de ces follicules, ovarique et testiculaire, avait un canal excréteur propre, mais que ces canaux étaient emboîtés l'un dans l'autre, et aboutissaient enfin à un canal excréteur à parois également doubles, et formé de deux tubes invaginés qui, se séparant à l'extrémité du canal excréteur, se continuaient l'un, l'externe, par l'oviducte, l'autre, l'interne, par le canal déférent. L'inexactitude de cette description, que nous n'avons rappelée que parce qu'elle a fait loi, a été démontrée victorieusement par divers observateurs, au nombre desquels doivent être cités en première ligne Gratiolet (3), Lacaze-Duthiers (4), Baudelot (5). Nous ne nous occuperons pas

(1) Kölliker, *Beiträge zur Kenntniss der Geschlechtsverhältnisse einiger wirbellosen Thiere*, p. 32. — Carl Semper, *loc. cit.*, p. 383. — E. Dubreuil, *loc. cit.*, p. 10, et *Étude physiologique sur l'appareil générateur du genre* Helix, in *Revue des sciences naturelles*, t. II, p. 169.

(2) Heinrich Meckel, *Ueber den Geschlechtsapparat einiger hermaphroditischer Thiere*, in *Müller's Archiv.*, 1844, p. 484.

(3) Gratiolet, *Observations sur les zoospermes des Hélices* (*Journal de conchyliologie*, 1850, p. 116).

(4) Lacaze-Duthiers, *Histoire anatomique et physiologique du Pleurobranche orangé* (*Ann. sc. nat.*, 4ᵉ série, 1859, t. XI, p. 261 et suiv.).

(5) Baudelot, *loc. cit.*

davantage de ce point spécial, non plus que du développement des ovules et des spermatozoïdes, que de nombreux travaux ont fait parfaitement connaître.

Un canal excréteur simple sert au passage des ovules et du sperme : c'est le canal efférent, qui s'étend de la glande hermaphrodite à l'extrémité postérieure de l'oviducte, au point de jonction de cet organe avec la glande de l'albumine (1).

Canal efférent. — Le canal efférent est placé au côté interne des tours de spire ; il longe le foie, et marche d'abord en ligne directe, mais il se replie ensuite un grand nombre de fois sur lui-même, et décrit ainsi une suite de zigzags courts et rapprochés. Son calibre, très-faible au sortir de la glande hermaphrodite, s'est sensiblement augmenté dans ce trajet, qui mesure environ 5 centimètres, sans tenir compte des replis. Arrivé sur la glande de l'albumine, au voisinage de l'extrémité postérieure de l'oviducte, le canal efférent se rétrécit et pénètre dans cette glande ; là, après un court trajet, il se replie brusquement sur lui-même, formant une sorte de diverticulum appelé *talon* par M. de Saint-Simon, et va s'aboucher dans l'oviducte.

Le canal efférent est formé par une membrane mince, transparente, composée de tissu lamineux. La couleur blanc opaque qu'il présente est due au sperme dont il est rempli. Si l'on porte sur-le-champ du microscope le liquide qu'il renferme, on y voit en effet un nombre immense de Spermatozoïdes. Intérieurement, ce canal est revêtu d'une couche d'épithélium vibratile. Dans sa paroi, M. E. Dubrueil a signalé l'existence d'une couche fibreuse et d'une couche glanduleuse (2). La première, que cet observateur dit être très-prononcée dans le *Zonites algirus*, apparaît et se développe, sans jamais devenir bien épaisse toutefois, à mesure qu'on s'éloigne de la glande hermaphrodite, et les fibres qui la composent sont des fibres musculaires. Quant à la couche

(1) Voy. fig. 52 *f*.

(2) E. Dubrueil, *Étude anatomique et histologique sur l'appareil générateur du genre Helix*, p. 14.

qualifiée de glanduleuse. nous n'avons pas réussi à la reconnaître.

Les Spermatozoïdes que l'on trouve dans le canal efférent ont la forme de fils extrêmement ténus, renflés à leur extrémité céphalique, qui présente latéralement une pointe aiguë, et atténués à l'autre. Leur longueur est considérable, et atteint 0^{mm},25. Ils sont doués de mouvements ondulatoires très-marqués.

Parvenu au niveau de la glande de l'albumine, le canal efférent se divise, et forme des conduits distincts pour les œufs et pour le sperme; mais cette séparation n'est pas tout d'abord complète. Sur une certaine étendue, ces conduits sont représentés par deux gouttières accolées l'une à l'autre, dont l'une, *gouttière déférente*, sert au passage du sperme, et se continue plus bas par le canal déférent; l'autre constitue la première portion de l'oviducte, celle que Baudelot a nommée *portion prostatique*, à cause de la présence sur toute sa longueur, du côté correspondant à la gouttière déférente, d'un large ruban glanduleux, auquel on a donné le nom de *prostate*.

Glande de l'albumine. — Avant d'aller plus loin, nous devons dire quelques mots de l'organe que nous venons d'indiquer sous le nom de *glande de l'albumine*.

C'était pour Cuvier, de Blainville, Van Beneden, etc., le testicule proprement dit, et son véritable rôle a été reconnu par Meckel, qui l'a considérée comme sécrétant l'albumine, dont les œufs s'enveloppent à mesure qu'ils arrivent dans l'oviducte.

La glande de l'albumine (1), linguiforme, d'un blanc jaunâtre, concave d'un côté, convexe de l'autre, est formée d'un parenchyme très-peu résistant, qui se déchire avec une extrême facilité. Sa structure est celle d'une glande en grappe composée, dont les acini contiennent de grandes cellules où se forment les globules de nature albumineuse. Les conduits excréteurs des divers lobes versent le produit de sécrétion dans un canal central volumineux qui s'étend du sommet à la base de la glande, et qui s'ouvre directement dans l'oviducte.

(1) Voy. fig. **52** *a*.

Le liquide qu'elle renferme présente à l'examen microscopique : 1° de très-fines granulations animées du mouvement brownien ; 2° des globules de dimension variable, réfractant fortement la lumière, qui ne sont autre chose que des gouttelettes d'albumine ; 3° des cellules d'épithélium.

Oviducte — A l'exemple de Baudelot, nous distinguerons dans l'oviducte la portion prostatique et la portion infra-prostatique.

La portion prostatique de l'oviducte (1) a environ 4 centimètres d'étendue. Elle est assez large et comme froncée sur le ruban glanduleux représenté par la prostate (2). Ses parois sont formées d'un tissu mou, glandulaire, qui se goufle dans l'eau et devient translucide. A l'examen microscopique, on le trouve composé de fibres de tissu conjonctif circonscrivant des aréoles qui renferment les cellules de sécrétion, et des corpuscules arrondis, granuleux, qui paraissent être des noyaux libres. La face interne est revêtue d'une couche d'épithélium vibratile.

La portion infra-prostatique de l'oviducte a un centimètre de longueur (3). Ses parois sont épaisses et formées de tissu musculaire à fibres longitudinales et à fibres circulaires, recouvertes en dehors par une couche de tissu conjonctif, et tapissées intérieurement d'un épithélium semblable à celui qui occupe la portion prostatique. Elle est accolée au canal de la poche copulatrice (vessie de Cuvier). Ces deux canaux s'ouvrent dans une cavité plus large nommée *vestibule* par Cuvier, *bourse commune* par Moquin-Tandon (4). C'est en effet dans cette cavité que viennent aboutir les organes générateurs mâles et femelles dans l'immense majorité des cas ; mais cette disposition n'est pas celle qu'on rencontre dans le *Zonites algirus*, et mieux vaut appliquer à cette partie de l'appareil reproducteur le mot *vagin*, qui indique qu'elle appartient aux organes femelles, ce qui est ici parfaitement exact, comme nous le verrons.

(1) Fig. 52 *o*.
(2) Fig. 52 *p*.
(3) Fig. 52 *o'*.
(4) Fig. 52 *v*.

Vagin. — Le vagin forme une poche d'un centimètre de long environ et de 5 millimètres de large, qui s'ouvre au dehors par un orifice *propre* (1), à côté et en arrière de celui qui donne accès dans la gaîne du pénis ; c'est là une particularité digne de remarque, car, chez les Hélices, on a toujours vu cette cavité vestibulaire commune aux organes mâles et femelles.

La structure du vagin est à peu près la même que celle de la portion infra-prostatique de l'oviducte. On trouve extérieure-ment une couche de tissu conjonctif, puis une couche musculaire plus développée, et à l'intérieur un épithélium cylindrique, mais qui ne porte pas de cils vibratiles.

Le vagin est recouvert par une masse glanduleuse que Van Beneden a indiquée. « À l'endroit, dit-il, où s'insèrent dans l'*Helix Pomatia* les vésicules multifides, dont la fonction n'est point encore connue, il y a tout autour de cette poche une glande qui a un aspect granulé, et qui remplace probablement les vésicules des autres Hélices (2). »

Cette couche glanduleuse est disposée autour du vagin comme un manchon (3) ; elle est de couleur jaunâtre, et présente une surface granuleuse. Elle est composée de follicules simples (4), plongés dans du tissu lamineux, et s'ouvrant par un long canal excréteur à la surface interne du vagin.

On trouve aussi, inséré sur le vagin et en communication avec lui, un organe dont nous avons maintenant à nous occuper : c'est la *poche copulatrice*, vessie de Cuvier. Il n'y a pas d'autre annexe au vagin dans le *Zonites algirus*, lequel est dépourvu de cet appareil excitateur propre aux *Helix*, et connu sous le nom de *poche* ou *bourse du dard*.

Poche copulatrice. — La poche copulatrice (5), accolée à l'ovi-ducte dans sa partie terminale prostatique, se présente sous

---

(1) Voy. fig. 52 *i* et fig. 53.
(2) Van Beneden, *loc. cit.*, p. 284.
(3) Fig. 52 *c.*
(4) Fig. 60.
(5) Fig. 52 *l.*

forme d'une ampoule assez volumineuse, qui se continue par un tube à ses deux extrémités. Le tube placé inférieurement, marche à côté de l'oviducte, et vient s'ouvrir auprès de lui, à la partie supérieure du vagin ; il a un centimètre de longueur environ.

Le tube qui part de l'extrémité supérieure de la poche copulatrice est plus grêle que le tube inférieur ; il remonte le long de la prostate, et, après un court trajet, il se perd dans la paroi de l'oviducte. Son extrémité, en effet, s'atténue et s'oblitère ; il n'établit donc pas de communication entre la cavité de l'oviducte et la poche copulatrice ; ce n'est qu'un simple *diverticulum*.

Cette forme est celle que présente la poche copulatrice avant le moment du rut.

« Pendant et après l'accouplement, dit M. Dubrueil, le canal inférieur et le canal supérieur, dilatés par le *capreolus*, acquièrent un volume égal à celui de la poche copulatrice, dont le contenu remonte quelquefois jusqu'au sommet de ce dernier conduit ; c'est cet état que Moquin-Tandon a figuré dans la figure 55, planche IX, de son *Histoire des Mollusques de France* (1). »

La poche copulatrice présente dans sa composition histologique trois couches : une extérieure conjonctive, une couche musculaire, et enfin un épithélium à cellules cylindriques, dépourvues de cils vibratiles. En fendant avec précaution la membrane délicate qui forme la paroi de la poche, on trouve dans l'intérieur de celle-ci, et remplissant sa cavité, une petite masse de substance gélatiniforme. On y reconnaît à l'examen microscopique : 1° des granulations ; 2° des débris d'épithélium ; 3° des spermatozoïdes intacts ou à divers degrés d'altération ; 4° des Infusoires.

Canal déférent. — Reprenons maintenant la description du canal destiné à la liqueur mâle, c'est-à-dire du canal déférent. Nous avons vu qu'il était d'abord uni sous forme de gouttière déférente à la portion prostatique de l'oviducte, et pourvu sur ce parcours d'un appareil glandulaire, qui est disposé comme un

---

(1) E. Dubrueil, *loc. cit.*, p. 26, note.

ruban le long de sa face externe. Cette glande est appelée
prostate (1); elle est composée d'un nombre considérable de
petits follicules plongés dans une substance fondamentale conjonctive, et qui viennent s'ouvrir par de fins canaux excréteurs
dans la gouttière déférente tapissée d'épithélium vibratile. Dans
les follicules, on trouve des cellules de sécrétion pleines de globules d'une matière albuminoïde.

Le canal déférent, qui continue la gouttière déférente dont
nous venons de parler, se sépare de l'oviducte sous forme d'un
tube capillaire (2); il passe au-dessous de la portion infra-
prostatique de cet organe, qu'il contourne ensuite pour se placer
au-dessus, près de son extrémité antérieure; puis il marche
à côté du pénis, qu'il accompagne, et forme avec lui une anse
à concavité postérieure; revenant ensuite en arrière, il se replie
encore une fois sur lui-même, un peu au delà de l'extrémité
du pénis, pour venir enfin déboucher dans cet organe, au voisinage de son sommet.

Le canal déférent mesure de 6 à 7 centimètres environ de
longueur; il ne présente pas le même calibre dans toute son
étendue. D'abord très-grêle, il se renfle considérablement à la
moitié environ de son parcours, au point où il se dirige en
arrière, après avoir décrit l'anse qu'il forme avec le pénis; là son
diamètre devient double à peu près de ce qu'il était et reste tel
jusqu'au bout. Dans l'*Helix Pomatia*, au contraire, ce tube,
arrondi et assez grêle, présente un diamètre qui est sensiblement
le même sur toute sa longueur, laquelle n'est que de 3 centimètres, tandis que nous avons vu qu'elle atteignait 7 centimètres dans l'espèce qui nous occupe.

C'est dans cette portion élargie du canal déférent que se
forme chez le *Zonites algirus* le *spermatophore* ou *capreolus*,
qui est produit chez les Hélices dans le long tube appendiculaire
qu'on remarque au sommet de la verge et qu'on nomme *flagellum;* or celui-ci fait défaut dans le *Zonites algirus*. Ce point
d'anatomie a été l'objet d'une étude particulière de la part de

(1) Fig. 52 *p.*
(2) Fig. 52 *c.*

M. Dubrueil, dont nous reproduisons les paroles : « La partie étroite du canal est pellucide ; la partie dilatée, d'un blanc opaque, se compose des mêmes couches qu'on observe dans le flagellum des Hélices. Sous une membrane cellulaire externe, on trouve une membrane musculaire très-prononcée, suivie elle-même d'une couche glanduleuse, qui n'existe pas dans la portion étroite du même conduit.

» De plus, les cannelures longitudinales du flagellum sont remplacées dans la partie la plus large par de nombreuses lamelles disposées comme la spiricule des trachées végétales, s'étendant en spirale oblique entre les deux bords du canal ; leur obliquité augmentant vers le point de jonction des deux portions de ce dernier, elles deviennent à peu près longitudinales au voisinage de cet endroit (1). Elles sont ordinairement couvertes de particules solides, de couleur blanche, donnant effervescence avec l'acide chlorhydrique. Mais si, à l'aide d'un courant d'eau, on les débarrasse de ces corpuscules calcaires, leur configuration devient manifeste : on les voit former des sortes d'ondulations à angle rentrant aigu.

» C'est dans cette portion du canal qu'est sécrété le *capreolus*.

» Ce corps, qui a 26 millimètres de long et 1 millimètre de largeur moyenne, est de forme tubulaire, allant en diminuant de volume des deux côtés à partir de son tiers inférieur. C'est un canal complet garni de nombreuses cannelures spirales (2). Une coupe transversale a l'apparence d'une roue d'engrenage garnie de douze à quatorze petites dents (3). Son extrémité supérieure se termine par un tube à ouverture capillaire où les lamelles disparaissent, tandis que l'autre, où elles sont plus prononcées, est bien moins longue et présente un orifice plus large. Dans le corps de l'animal il offre une consistance très-résistante ; exposé à l'air, il devient vitreux, transparent et friable.

» Le capreolus du *Zonites algirus* contient intérieurement un liquide visqueux, très-épais, dans lequel on aperçoit un grand

(1) Voy. fig. 54.
(2) Fig. 55.
(3) Fig. 56.

nombre de spermatozoïdes. Ce liquide, incolore dans la portion supérieure du spermatophore, prend une couleur blanchâtre et une densité plus grande dans sa portion inférieure. C'est dans cette portion que sont emmagasinés les zoospermes. La ligne de démarcation entre ces deux parties est brusquement marquée.

» A raison de sa consistance, le spermatophore ne se recourbe qu'à ses deux bouts. Par un motif que nous ne saurions indiquer, nous avons toujours trouvé *son extrémité inférieure fortement engagée dans le col de l'oviducte*, qui n'est pas muni à sa base d'un muscle transverse (1). »

Pénis. — Le pénis, dans lequel vient déboucher latéralement le canal déférent, se présente sous la forme d'un tube conique et allongé, étranglé dans son milieu (2). Il a 2 centimètres et demi environ de longueur, ce qui est considérable relativement à la longueur du même organe dans l'*Helix Pomatia*, où elle est de 1 centimètre seulement. De l'orifice externe, le pénis se dirige en avant, à côté de la masse buccale et en haut ; là, se repliant sur lui-même, il forme une anse à concavité postérieure : c'est dans ce point qu'il présente un étranglement, et c'est dans l'anse ainsi formée que passent les nerfs tentaculaire et péritentaculaire de ce côté ; c'est là également que le nerf génital, fourni par le ganglion cérébroïde, vient former un petit plexus sur la gaîne du pénis. L'extrémité de cet organe est terminée en pointe et dirigée en arrière. A quelques millimètres de son sommet et à gauche s'abouche le canal déférent. Entre ce point et le même sommet, s'insère le muscle rétracteur du pénis (3), lequel, d'autre part, va s'attacher sur la cloison qui sépare la cavité pulmonaire de la cavité viscérale.

La partie terminale de ce pénis représenterait, d'après Moquin-Tandon, le flagellum, qui serait réduit ici à 4 ou 5 millimètres de longueur, tandis qu'il atteint jusqu'à 7 centimètres dans l'*Helix Pomatia*, par exemple. Cette manière de voir n'est pas exacte,

(1) E. Dubrueil, *loc. cit.*, p. 38.
(2) Voy. fig. 52 *d*.
(3) Fig. 52 *m*.

et M. Dubrueil, dans son *Mémoire sur l'appareil générateur des Helix*, l'a combattue avec raison (1).

Le canal déférent s'ouvre dans le pénis à 4 ou 5 millimètres de son sommet. Dans la portion inférieure à cet orifice se voient de nombreuses éminences blanches régulièrement disposées ; la partie supérieure en est dépourvue. C'est Draparnaud qui a le premier signalé ces papilles dont la surface interne du pénis est garnie (2). Elles ont la forme d'un bonnet pointu ou mieux d'une épine ; elles sont coniques (3). Elles ont $0^{mm},3$ de hauteur et sont distantes les unes des autres de $0^{mm},5$ environ dans la portion supérieure du pénis ; mais, à partir de l'étranglement et au-dessous, elles sont plus rapprochées et plus petites, elles n'ont que $0^{mm},2$.

La structure de l'organe copulateur est essentiellement musculaire et les fibres qui le composent ont, les unes une direction longitudinale, les autres une direction transversale ; l'intérieur de cette cavité est pourvu d'un épithélium vibratile.

Dans sa moitié inférieure le pénis est enveloppé d'une membrane lisse, brillante, d'un blanc nacré, qui l'entoure comme un fourreau (4). Cette membrane, se repliant sur elle-même à la base de l'organe, forme là un cul-de-sac ; elle vient ensuite s'appliquer sur la face externe du pénis, auquel elle est unie dans la partie inférieure par du tissu cellulaire, tandis que plus haut elle se confond avec lui et n'en peut pas être détachée.

C'est sur le feuillet externe de cette membrane que va se distribuer le nerf génital fourni par le ganglion cérébroïde.

Les expressions de *gaine du pénis*, *fourreau de la verge*, généralement adoptées pour désigner l'organe tubuleux auquel aboutit le canal déférent, ne sauraient s'appliquer à cet organe alors qu'en se retournant comme un doigt de gant, il constitue le pénis lui-même ; elles ne peuvent être employées avec exacti-

(1) E. Dubrueil, *loc. cit.*, p. 39.
(2) Draparnaud. *Tableau des Mollusques terrestres et fluviatiles de la France*, 1801, p. 94.
(3) Voy. fig. 58 et 59.
(4) Fig. 57 *f*.

tude que dans le cas où cette partie creuse renferme un appendice copulateur ou pénis, comme on le voit chez les Hélices,
par exemple. Dans le *Zonites algirus* et dans les espèces qui présentent une disposition semblable, ce n'est pas une raison, parce
que cet organe est creux, pour lui donner le nom de gaîne ou
celui de fourreau, qui s'applique à des étuis servant d'enveloppe
à un objet renfermé dans leur intérieur. Cette dénomination de
gaîne du pénis, ou fourreau de la verge, serait ici plus justement
employée pour désigner la membrane que nous venons de
décrire, et qui enveloppe la base du pénis chez le *Zonites algirus*.

Nous avons déjà indiqué que les organes de la génération
aboutissent à deux orifices distincts. Ces deux orifices sont placés
tout à côté l'un de l'autre, à droite du corps, dans une sorte de
boutonnière que forme la peau, très-loin derrière le tentacule,
à peu de distance en avant du collier, et ils sont entourés par
un sphincter commun. On sait que chez la plupart des Gastéropodes androgynes ces orifices sont confondus. Siebold et Stannius
disent à ce propos : « Le vagin et le pénis aboutissent dans un
cloaque génital commun qui, à son tour, s'ouvre sur les côtés de
la région antérieure du corps. » Et en note, « un orifice génital
commun de cette espèce existe chez les *Helix*... dans la région
cervicale droite derrière le tentacule (1). » La disposition présentée par l'*Helix algira* est bien différente, et il est étonnant
que, dans son mémoire sur l'anatomie de cette espèce, elle ait
échappé à l'examen de Van Beneden, qui n'en fait pas mention.
Elle n'a pas été remarquée non plus par Moquin-Tandon, qui,
dans sa figure des organes de la génération du *Zonites algirus*, a
représenté une bourse commune imaginaire (2). C'était pourtant une particularité digne d'attention.

Arrivé au terme de ces recherches, il ne paraîtra pas inutile
d'en résumer très-succinctement les principaux résultats, sans

<hr>

(1) Siebold et Stannius, *loc. cit.*, t. I, p. 348.
(2) Moquin-Tandon, *loc. cit.*, pl. 9, fig. 35 *L*.

revenir toutefois sur bien des points d'histologie qui, malgré leur intérêt, ne sauraient trouver place dans ces conclusions tout à fait générales.

Dans les ganglions cérébroïdes du *Zonites algirus*, il existe des lobes dont l'un, placé en avant, donne naissance aux trois nerfs tentaculaire, optique et acoustique. C'est l'analogue du lobule de la sensibilité spéciale indiqué par M. de Lacaze-Duthiers dans les ganglions cérébroïdes des Gastéropodes pulmonés aquatiques.

Les éléments nerveux qui entrent dans la composition de ce lobule se différencient de ceux qui constituent les autres parties des centres nerveux.

Des cordons latéraux qui unissent les ganglions sus-œsophagiens aux ganglions sous-œsophagiens, on voit se détacher un filet nerveux extrêmement fin, destiné au muscle rétracteur de la masse buccale, fait qui infirme la règle, donnée comme générale, que jamais aucun filet nerveux ne part de ces cordons latéraux.

Le système nerveux est enveloppé d'un névrilème musculaire qui forme autour des nerfs une gaîne rétractile ; de plus, le collier œsophagien s'unit à des muscles particuliers (muscle rétracteur commun des tentacules et du système nerveux), grâce auxquels il est entraîné dans les déplacements qui résultent du retrait ou du déploiement de l'animal.

Les organes servant au toucher sont les tentacules, les lobes labiaux, le mufle, et, d'une manière générale, la surface de la peau, où l'on observe de fines ramifications nerveuses. L'origine et le mode de distribution du nerf tentaculaire viennent à l'appui de l'opinion qui voit en lui un nerf olfactif, sans que cette question puisse toutefois être considérée comme résolue.

L'œil possède une membrane rétinienne composée d'éléments celluleux, et au devant d'elle se trouve la choroïde pigmentée, mais dont le pigment n'est pas uniformément répandu et est disposé seulement par places.

Le nerf optique n'est pas une branche du nerf tentaculaire, mais il a une origine distincte de celui-ci.

Les vésicules auditives, ou otocystes, reposent sur les ganglions pédieux, à leur partie postérieure. Elles renferment un nombre considérable d'otolithes de petite dimension.

Le nerf acoustique tire son origine du lobule de la sensibilité spéciale.

Les glandes salivaires, constituées comme celles des *Helix*, ont leurs éléments beaucoup plus agglomérés, et. en s'unissant entre elles, forment un anneau autour de l'œsophage.

Le foie se divise en deux masses lobuleuses, qui ont chacune un canal excréteur s'ouvrant isolément dans le tube digestif.

Le cœur est enveloppé d'un péricarde musculeux. Les vaisseaux s'ouvrent dans des cavités interorganiques, qui sont positivement sans paroi, et forment donc de véritables lacunes.

La cavité pulmonaire est revêtue d'un épithélium qui ne porte des cils vibratiles que sur certains points, et en particulier sur le trajet des gros vaisseaux.

Il existe dans cette cavité une glande volumineuse, placée derrière le collier et à côté du pneumostome, auprès duquel vient s'ouvrir son canal excréteur.

Dans l'appareil générateur on ne rencontre ni les vésicules multifides, ni la poche à dard, ni le flagellum des *Helix*.

A la place des vésicules multifides, on trouve une glande qui enveloppe le vagin comme un manchon.

Le canal déférent, très-long, est divisé en deux parties, dont l'inférieure, plus large, est destinée à la formation du spermatophore, qui, chez les *Helix*, est produit dans le flagellum.

Le pénis et le vagin aboutissent à des orifices distincts, quoique placés tout à côté l'un de l'autre, et entourés d'un sphincter commun; il n'y a donc pas de bourse commune ou cloaque génital.

Au point de vue de la classification, toutes ces particularités anatomiques par lesquelles les *Zonites* se distinguent des *Helix* légitiment leur séparation en un groupe voisin, formant un genre indépendant.

EXPLICATION DES PLANCHES.

PLANCHES 4, 5, 6 ET 7.

Fig. 1. Épithélium qui occupe la surface de la peau. — *a*, lambeau d'épithélium ; *b*, cellules épithéliales détachées.

Fig. 2. Glandes cutanées. — *a*, glande muqueuse ; *b*. glande pigmentaire.

Fig. 3. Ramification nerveuse observée dans l'épaisseur de la peau.

Fig. 4. Cristaux de carbonate de chaux trouvés dans le mucus.

Fig. 5. Système musculaire. — M, masse buccale renversée en avant et vue en dessous ; *m*, muscle rétracteur de la masse buccale ; *a*, muscles transverses du pied ; *b*, bandelettes qui forment par leur réunion le muscle rétracteur du pied, *r* ; *c*, muscle propre de la lèvre inférieure ; *d*, muscles rétracteurs de la lèvre inférieure ; *p*, pénis rejeté par côté ; *v*, vagin rejeté également par côté.

Fig. 6. Système musculaire. — *t*, base des grands tentacules ; *m*, masse buccale ; *o*, œsophage ; *a*, muscles labiaux internes ; *b*, muscles labiaux externes ; *c*, muscle propre de la lèvre supérieure ; *d*, muscles labiaux postérieurs ; *e*, muscles latéro-inférieurs de la masse buccale ; *f*, muscles postérieurs de la masse buccale.

Fig. 7. Masse buccale avec son muscle rétracteur. — *m*, masse buccale ; *o*, œsophage ; *a*, muscle rétracteur de la masse buccale.

Fig. 8. Muscle rétracteur commun des tentacules et du système nerveux. — *a*, bandelette musculaire qui se détache du muscle rétracteur du pied ; *b*. faisceau qui se porte au tentacule supérieur ; *c*, faisceau qui s'unit à l'enveloppe névrilématique du collier œsophagien et se porte ensuite au petit tentacule ; *n*, collier nerveux œsophagien.

Fig. 9. Muscles propres du grand tentacule. — *t*, tentacule rejeté en avant ; *a*, *a*, muscles propres de ce tentacule ; *b*, muscle rétracteur du tentacule.

Fig. 10. Muscles du petit tentacule. — *t*, petit tentacule ; *m*, faisceau musculaire rétracteur de ce tentacule ; *i*, son insertion au sommet du tentacule ; *i'*, son insertion à la base du tentacule ; *n*, nerf placé dans l'épaisseur du muscle rétracteur, dont une branche, *b*, se rend au petit tentacule et l'autre va se distribuer au lobe labial correspondant ; *a*, *a*, muscles propres du petit tentacule.

Fig. 11. Fibres musculaires de la peau, après l'action de l'acide acétique pour mettre les noyaux en évidence.

Fig. 12. Fibres musculaires. — *a*, fibre-cellule courte ; *b*. fibre musculaire très-longue.

Fig. 13. Collier. — *a*, *b*, angles que présente ce collier du côté droit, l'un supérieur *a*, l'autre inférieur *b* ; *c*, *d*, *f*, lobes membraneux placés sur divers points de ce collier ; *p*, pneumostome.

Fig. 14. Aspect de la masse ganglionnaire sus-œsophagienne à l'ouverture de l'animal (la masse buccale est fortement portée en arrière). — *a*, *a*, filets nerveux qui vont

à la base des grands tentacules et en dehors; *b*, *b*. filets nerveux qui vont à la base
des mêmes tentacules, mais en dedans (du côté droit on les voit passer dans l'anse
que forme le pénis); *c*, filet nerveux qui va à la gaîne du pénis; *d*, muscles rétracteurs des grands tentacules; *e*, nerfs tentaculaires placés dans l'intérieur de ces muscles rétracteurs; *m*, masse buccale; *o*, œsophage; *f*, filets nerveux qui unissent les
ganglions sus-œsophagiens aux ganglions stomato-gastriques placés de chaque côté
de l'œsophage.

Fig. 15. Ganglions cérébroïdes, face supérieure. — *a*, lobule antérieur; *b*, lobule
moyen; *f*, lobule postérieur; *d*, cordons latéraux antérieurs; *e*, cordons latéraux
postérieurs; *c*, commissure médiane; *n*, nerf tentaculaire.

Fig. 16. Ganglions cérébroïdes, face inférieure. — Mêmes lettres que ci-dessus.

Fig. 17. Ganglions cérébroïdes avec les nerfs auxquels ils donnent naissance. —
1, nerf tentaculaire; 2, nerf optique; 3, nerf acoustique; 4, nerf frontal; 5, nerf
labial supérieur; 6, nerf du petit tentacule; 7, nerf labial inférieur; 8, filet qui va
au ganglion stomato-gastrique; 9, nerf pénial (impair); 10, nerf qui se détache du
cordon latéral postérieur; 11, anastomose de ce nerf avec le stomato-gastrique.

Fig. 18. Ganglions sous-œsophagiens. — *p*, ganglions pédieux; *a*, cordon latéral
antérieur; *b*, cordon latéral postérieur; *c*, ganglion auquel aboutit ce cordon latéral
de chaque côté; *d*, ganglion droit d'où part un nerf destiné au pneumostome; *m*, ganglion médian d'où partent trois nerfs : l'un, *o*, qui se rend au côté externe de l'orifice respiratoire; l'autre, *q*, sur l'oviducte; le troisième, *h*, dans le pied, avec une
branche de l'artère céphalique; *g*, ganglion gauche d'où part un nerf *t* qui se rend
ux téguments de ce côté.

Fig. 19. Nerf qui va au petit tentacule et au lobe labial correspondant. — *n*, nerf;
b, branche destinée au petit tentacule; *f*, *f*, *f*, ramifications du nerf qui vont se distribuer au lobe labial; *a*, lobe labial.

Fig. 20. Nerf, *n*, vu dans sa gaîne névrilématique, *g*.

Fig. 21. Couche cellulaire superficielle du névrilème.

Fig. 22. Fibres musculaires qui entrent dans la constitution du névrilème.

Fig. 23. Nerf revêtu de son névrilème interne et dont une extrémité laisse voir les
fibrilles dissociées.

Fig. 24. Cellules nerveuses ganglionnaires. — A, cellules ganglionnaires; B, cellules
spéciales au lobule antérieur des ganglions cérébroïdes.

Fig. 25. Structure des ganglions. — *a*, cellules formant la couche corticale; *b*, substance granuleuse centrale formée de fibrilles entrecroisées.

Fig. 26. Mode de distribution du nerf tentaculaire dans le bouton terminal. — *a*, nerf
g, ganglion d'où partent les troncs nerveux qui, en se ramifiant, vont à la périphérie
de l'organe.

Fig. 27. Œil. — *c*, cornée; *s*, sclérotique; *n*, nerf optique.

Fig. 28. Cristallin.

Fig. 29. Membrane rétinienne cellulo-granuleuse.

Fig. 30. Choroïde dont on voit le pigment disposé par places irrégulières.

Fig. 31. Vésicule auditive ou otocyste. — *a*, otolithes ; *b*, paroi formée de tissu conjonctif

Fig. 32. Otolithes dont quelques-uns divisés en fragments, par moitié ou par quart.

Fig. 33. Tube digestif développé. — *a*, masse buccale ; *b*, œsophage ; *c*, estomac *c*, cul-de-sac qui termine l'estomac ; *i*, intestin ; *o*, orifice anal ; *f, f*, renflements que présente l'intestin ; *g*, glandes salivaires, *d, d*, conduits excréteurs de ces glandes.

Fig. 34. Partie fondamentale de l'appareil lingual. — *a*, saillie cartilagineuse en fer à cheval qui porte la râpe linguale ; *b*, papille ; *c*, excavation formée en arrière par la concavité du cartilage lingual ; *m, m*, muscles qui s'insèrent aux branches du cartilage lingual ; *l, l*, prolongements qui unissent la papille aux muscles latéraux et à la paroi postérieure de l'œsophage.

Fig. 35. Mâchoire ou pièce supérieure de l'appareil maxillaire.

Fig. 36. Râpe linguale.

Fig. 37. Surface de la râpe linguale montrant les crochets dont elle est garnie.

Fig. 38. Un de ces crochets ou dents isolé.

Fig. 39. Foie divisé en deux masses lobuleuses. — *l, l*, lobules du foie ; *c, c'*, canaux excréteurs propres à chacune des deux masses dont se compose le foie.

Fig. 40. Cellules hépatiques.

Fig. 41. Figure schématique du cœur. — *a*, ventricule ; *o*, oreillette ; *c*, canal qui unit le ventricule à l'oreillette ; *v, v*, valvules placées à l'orifice de ce canal ; *d*, aorte ; *b*, veine pulmonaire.

Fig. 42. Structure des artères. — *a*, *adventitia*, ou couche celluleuse externe ; *b*, fibres musculaires.

Fig. 43. Globules du sang.

Fig. 44. Tronc artériel où l'on voit l'épaisseur relative de la membrane celluleuse externe. — *a*, couche celluleuse ; *l*, lumière du vaisseau.

Fig. 45. Membrane pulmonaire retournée pour montrer sa face interne (tout ce que l'on voit à droite serait donc à gauche, et réciproquement). — *p*, péricarde ; *v*, ventricule ; *o*, oreillette ; *a*, aorte ; *c*, veine pulmonaire ; *g*, glande pulmonaire ; *c*, orifice de son canal excréteur ; *r*, glande rénale ; *c*, son canal excréteur ; *sc*, sillon qui forme un prolongement à ce canal ; *i*, intestin ; *si*, sillon qui forme un prolongement à l'intestin.

Fig. 46. Culs-de-sac de la glande pulmonaire.

Fig. 47. Coupe transversale de la glande pulmonaire. — *a*, acini contenant les cellules glandulaires ; *c*, membrane limitante conjonctive.

Fig. 48. Cellules glandulaires isolées.

Fig. 49. Glande ouverte longitudinalement pour montrer son canal excréteur. — *g*, glande ; *c*, canal excréteur dans l'épaisseur du collier ; *o*, orifice de ce canal ; *l*, collier.

Fig. 50. Position de cet orifice sur le collier, auprès du pneumostome. *p*.

Fig. 51. Cellules rénales.

————————

Fig. 52. Appareil générateur. — *g*, glande hermaphrodite ; *f*, canal efférent ; *a*, glande de l'albumine ; *o*, portion prostatique de l'oviducte ; *o'*. portion infra-prostatique de l'oviducte ; *l*. poche copulatrice ; *v*. vagin : *e*, couche glanduleuse qui entoure le vagin ; *p*, prostate ; *c*. canal déférent : *c'*, portion inférieure élargie de ce canal ; *d*, pénis ; *h*, gaîne du pénis ; *m*, muscle rétracteur de la verge.

Fig. 53. Organe mâle et organe femelle dans l'orifice de chacun desquels un stylet a été introduit pour en montrer l'indépendance. — *p*, pénis ; *v*, vagin.

Fig. 54 *. Canal déférent ouvert dans sa partie inférieure. — A, partie dilatée de ce canal montrant les lamelles disposées à sa face interne ; B, partie étroite du même canal.

Fig. 55. Capreolus. — A, extrémité située vers le fond de la poche copulatrice ; B, extrémité tournée vers le col de l'oviducte.

Fig. 56. Coupe transversale du capreolus pratiquée en CD.

Fig. 57. Pénis. — *f*, gaîne du pénis ; *n*, nerf pénial ; *p*, pénis ; *c*, canal déférent ; *m*, muscle rétracteur de la verge.

Fig. 58. Pénis ouvert pour montrer les papilles qui garnissent sa face interne. — *m*, muscle rétracteur ; *c*, canal déférent.

Fig. 59. Une de ces papilles isolée et grossie.

Fig. 60. Follicule composant la couche glanduleuse qui entoure le vagin.

* Les figures 54, 55 et 56, que M. Dubrueil a bien voulu nous permettre d'emprunter à son *Mémoire sur l'appareil générateur du genre* Helix, sont dues au crayon de M. le professeur S. Jourdain.

Vu et approuvé, le 14 juillet 1874.

Le doyen de la Faculté des sciences,

MILNE EDWARDS.

Permis d'imprimer, le 14 juillet 1874.

Le vice-recteur de l'Académie de Paris,

A. MOURIER.

Anatomie du Zonites algirus.

Anatomie du Zonites algirus.

H. Sicard del.

Lagesse sc.

Anatomie du Zonites algirus.

Imp. Salmon, Vieille Estrapade 15 Paris.

Anatomie du Zonites algirus.

H. Sicard del.   Lagesse sc.

DEUXIÈME THÈSE

DEUXIÈME THÈSE

OBSERVATIONS

SUR

QUELQUES ÉPIDERMES VÉGÉTAUX

A

M. P. DUCHARTRE

MEMBRE DE L'INSTITUT (ACADÉMIE DES SCIENCES)
PROFESSEUR DE BOTANIQUE A LA FACULTÉ DES SCIENCES DE PARIS, ETC.

A

M. CH. MARTINS

PROFESSEUR D'HISTOIRE NATURELLE A LA FACULTÉ DE MÉDECINE DE ONTPELLIER
CORRESPONDANT DE L'INSTITUT

Hommage respectueux et reconnaissant.

OBSERVATIONS

SUR

QUELQUES ÉPIDERMES VÉGÉTAUX

AVANT-PROPOS.

Le rapport qui existe entre les organismes et le milieu qui les environne a été signalé par les observateurs de tous les temps. Ce rapport est surtout manifeste chez les plantes, qui, attachées au sol où elles ont pris naissance, subissent dans toute leur intensité les influences extérieures ; aussi la végétation porte-t-elle l'empreinte des lieux où elle se développe, et prend-elle un aspect variable, suivant que les conditions d'existence qu'elle rencontre sont elles-mêmes différentes.

Nous pourrions, à l'appui de ces idées, invoquer l'opinion de tous les naturalistes.

« Plus il y a de différence, dit Auguste de Saint-Hilaire, entre les milieux où croissent les plantes, plus est grande aussi celle qui existe entre leurs formes et leurs caractères (1). » Il y a de telles relations, en effet, entre l'aspect des végétaux et leurs stations, qu'un botaniste n'aura pas de peine à reconnaître si une plante a grandi sur les hauts sommets ou dans les plaines, si elle s'est développée à l'ombre épaisse des forêts ou dans les lieux secs et découverts, si elle a pris naissance au bord de la mer ou dans l'intérieur des terres. Tous les voyageurs ont été frappés par cette harmonie qui existe entre le monde végétal et les conditions extérieures si complexes qui tiennent, soit à l'atmosphère, soit au sol, et qui constituent le milieu ambiant. Il n'en est pas qui, ayant gravi les cimes escarpées des Alpes ou des Pyrénées, n'ait été surpris par la physionomie spéciale de la vé-

----

(1) Aug. de Saint-Hilaire, *Leçons de botanique*, p. 53. Paris, 1840.

gétation à ces altitudes élevées, et ceux qui ont pu visiter les pays tropicaux gardent une impression ineffaçable de l'aspect que donne à ces belles contrées une végétation inconnue à l'Europe.

Aujourd'hui, au milieu des discussions ardentes soulevées par la théorie de la mutabilité de l'espèce, il est du moins un fait hors de toute contestation et admis par tous les naturalistes, c'est l'influence des milieux sur les formes organiques. Les adversaires les plus convaincus de la doctrine transformiste reconnaissent, comme les autres, ces modifications qui sont sous la dépendance des conditions extérieures, et l'un d'eux, M. Faivre, dans un livre destiné à combattre les idées que Darwin personnifie de nos jours, proclame hautement, et en termes très-nets, cette influence indéniable. « Aucun fait n'est mieux assuré, dit-il, que celui de la variabilité relative des espèces sous l'influence des conditions extérieures. Les relations normales des organismes et des milieux, les modifications déterminées par les changements dans les conditions d'existence, en témoignent également la réalité (1). »

Les modifications que subissent les végétaux, suivant le milieu où ils vivent, doivent atteindre surtout les parties qui sont directement en rapport avec ce milieu, et qui sont placées à la surface du végétal, c'est-à-dire l'épiderme et les organes épidermiques ; et en effet, parmi les changements que les observateurs ont mentionnés dans les formes végétales, ce sont ceux qui se présentent le plus fréquemment. Ainsi le développement des stomates, l'absence de poils ou leur présence en nombre plus ou moins grand, sont dans un rapport certain avec les conditions de milieu. Pour les poils, on a remarqué que ce sont les espèces qui vivent dans des lieux arides ou dans des stations froides qui en ont le plus, tandis que des espèces voisines qui croissent dans des fonds abrités et humides sont glabres. Par exemple, certaines Véroniques (*V. Beccabunga, Anagallis, scutellata*), qui habitent les bords des ruisseaux, des fontaines, sont glabres, tandis que d'autres (*V. verna, triphyllos, præcox*) qu'on trouve dans des

(1) Ernest Faivre, *La variabilité de l'espèce et ses limites*, p. 18. Paris, 1868.

terrains secs, sont garnis de poils. On pourrait citer bien des faits analogues, et ne sait-on pas que la même plante pourra être dépourvue de poils ou en être couverte, suivant qu'elle croîtra dans un lieu humide ou dans un lieu aride et sec ? Ainsi on voit des *Laserpitium* (1) glabres dans des prairies humides, velus dans des lieux secs. De même, des plantes qui sont garnies de poils dans des localités froides, montagneuses, les perdent si on les transporte dans un fonds chaud et humide : c'est ce qui arrive pour les plantes alpines par exemple. M. Faivre rapporte que, dans le jardin botanique de Grenoble, M. Verlot a vu ainsi « le Céraiste des Alpes reprendre la livrée du Céraiste des champs, et la Bétoine hérissée des hauts sommets se rapprocher, en modifiant ses caractères, de la Bétoine officinale (2). »

L'influence des changements de milieu sur les caractères extérieurs des végétaux n'a pas échappé, comme on voit, à l'attention des naturalistes ; mais si le fait en lui-même a été reconnu dans ce qu'il a de général, nous ne sachions pas qu'on ait cherché à déterminer de près quelles sont les modifications en rapport avec les conditions extérieures que subit l'épiderme dans sa structure. Séduit par l'intérêt de cette étude, nous n'avons pas craint de l'aborder, et bientôt nous avons reconnu nonseulement qu'il y avait un champ immense d'observations à parcourir, mais encore qu'on pourrait élucider bien des questions par une expérimentation longtemps continuée. Nous ne nous sommes pas trouvé dans des conditions favorables pour embrasser le problème dans toutes ses parties, et nous avons dû nous borner à quelques résultats qui, pour n'être pas complets ainsi que nous l'aurions désiré, n'en présenteront pas moins quelque intérêt, nous l'espérons.

Nous avons été encouragé à entreprendre ce genre de recherches par les conseils d'un maître éminent, M. le professeur Duchartre, auquel nous sommes heureux de pouvoir témoigner notre gratitude pour la constante bienveillance qu'il nous a toujours montrée.

(1) *Laserpitium prnthenicum* L.
(2) Faivre, *loc. cit.*, p. 25.

CONSIDÉRATIONS GÉNÉRALES.

La structure de l'épiderme est aujourd'hui très-bien connue ; aussi n'y a-t-il pas lieu de discuter à ce propos l'opinion qui ne voyait en lui qu'une membrane simple, sans structure appréciable, et qui considérait le réseau qu'on y aperçoit comme produit par des vaisseaux réticulés, ou par des fibres solides qui y sont appliquées. Depuis longtemps la structure celluleuse de cette membrane n'est plus mise en doute par personne ; mais parmi les observateurs, les uns l'ont considérée comme formée par les cellules les plus extérieures du tissu cellulaire modifiées sous l'influence de l'air, tandis que d'autres l'ont regardée comme indépendante, et parfaitement distincte du tissu sous-jacent. La première de ces opinions a été proposée par Malpiphi (1), et soutenue depuis par divers auteurs, parmi lesquels de Mirbel (2) est le plus célèbre. La seconde appartient à Amici, qui regarde l'épiderme des feuilles « comme un tissu particulier formé d'une couche de cellules indépendantes de celles qui composent le parenchyme sous-jacent » (3), et il combat la manière de voir d'après laquelle l'épiderme serait composé des cellules extérieures du tissu cellulaire desséchées et endurcies par l'action de l'air. Il fait observer que les cellules épidermiques ont une autre forme que celles du parenchyme intérieur, cette forme étant du reste très-variable. De nombreux botanistes, Treviranus entre autres, se sont rangés à cette opinion, corroborée en dernier lieu par les remarquables travaux de M. Ad. Brongniart, qui a fait connaître la constitution exacte de cette partie des organismes végétaux.

M. Brongniart a prouvé que l'épiderme n'est pas une membrane simple, mais qu'il se compose d'une ou de plusieurs

(1) Malpighi, *Anatome plantarum*.

(2) Mirbel, *Éléments de physiologie végétale*, t. I, p. 35.

(3) Amici, *Observations microscopiques sur diverses espèces de plantes* (art. 4, *Ann. sc. nat.*, 1re série, 1824. t. II, p. 211).

couches de cellules qui adhèrent fortement les unes aux autres, et adhèrent au contraire fort peu à celles du parenchyme placé au-dessous ; de plus, elles sont différentes de ces dernières par leurs caractères. Il croit que les feuilles submergées sont entièrement dépourvues d'épiderme. Enfin, par la macération dans l'eau de feuilles de Chou, il a isolé une membrane continue, sans réseau celluleux, parfaitement simple, transparente, et qui recouvre l'épiderme celluleux ; il a donné à cette membrane le nom de *cuticule*.

Voici du reste les conclusions mêmes du mémoire de M. Brongniart, que nous pensons devoir reproduire. L'épiderme est formé :

« 1° D'une pellicule superficielle simple, continue, sans texture appréciable, ou ayant une apparence granuleuse, percée d'ouvertures allongées qui correspondent au milieu des stomates.

» 2° D'une couche ou de plusieurs couches d'utricules de formes diverses, suivant les espèces qu'on étudie, disposés avec régularité, intimement unis entre eux, et remplis d'un liquide généralement incolore.

» 3° D'utricules allongés, arqués en forme de croissant, réunis deux par deux, entre les bords concaves desquels se trouve un espace qui correspond à la fente de la pellicule superficielle, et qui constituent un stomate.

» 4° Enfin cette pellicule superficielle existe seule et sans ouverture à la surface des feuilles aquatiques, dans lesquelles elle recouvre immédiatement le parenchyme vert. »

« On voit, ajoute-t-il, que ces observations concilient en grande partie les deux opinions qu'on avait le plus généralement émises sur l'épiderme : l'une consistant à le considérer comme n'étant constitué que par une pellicule simple, l'autre admettant qu'il n'était formé que par une couche d'utricules d'une forme spéciale, tandis que réellement l'épiderme ordinaire ou des feuilles aériennes est composé d'une couche celluleuse et d'une pellicule simple qui recouvre cette couche celluleuse et lui est intimement unie, pellicule qui existe seule sur les feuilles submergées, que j'avais d'abord cru complétement dépourvues de cet organe (1). »

Nous ne nous arrêterons pas sur ceux des résultats dus à ce savant observateur qui sont aujourd'hui acquis à la science ; mais remarquons que **M. Brongniart** ne fait aucune réserve en formulant cette proposition, que, chez les feuilles aquatiques, il n'y a pas d'épiderme proprement dit, et que la cuticule seule existe. Cette assertion est basée sur l'examen du *Potamogeton lucens*. « Si l'on met dans l'eau, dit **M. Brongniart**, des feuilles de *Potamogeton lucens*, après une macération longtemps prolongée (elle avait duré près de trois mois dans mes expériences), on voit se séparer de la surface de ces feuilles une pellicule tout à fait incolore, transparente, non granuleuse, présentant des lignes réticulées qui correspondent aux séparations des utricules du parenchyme vert qui se trouve immédiatement en contact avec cette pellicule. Dans la préparation de *Potamogeton* dont je parle, ces utricules, remplis de matière verte plus ou moins altérée, étaient, dans plusieurs points encore, appliqués contre la pellicule, mais pouvaient facilement être dérangés ou enlevés par la plus légère traction, et l'on voyait parfaitement leurs rapports avec ce réseau superficiel. »

Ce fait est le seul que **M. Brongniart** ait relaté à l'appui de la proposition générale que nous avons rapportée plus haut ; mais celle-ci, grâce à la légitime autorité de son auteur, a été considérée comme exprimant une vérité démontrée, et a été depuis répétée dans tous les livres classiques. C'est ainsi que **M. Adr.** de Jussieu, dans son *Cours élémentaire de botanique*, dit à ce propos : « C'est le milieu où vit la plante qui détermine la présence ou l'absence de l'épiderme ; cela est tellement vrai, que, dans les feuilles qui nagent à plat sur l'eau, la face supérieure qui se trouve ainsi en rapport avec l'air est garnie d'épiderme et de stomates ; la face inférieure n'en a pas (2). » Dans Richard, nous lisons l'aphorisme suivant : « La cuticule existe seule sur les

(1) Ad. Brongniart, *Nouvelles recherches sur la structure de l'épiderme des végétaux* (*Ann. sc. nat.*, 2ᵉ série, t. I, p. 65).

(2) Adrien de Jussieu, *Cours élémentaire de botanique*, 9ᵉ édition, p. 45.

parties des végétaux qui vivent complétement plongées dans l'eau (1). » Le Maout et Decaisne, dans leur *Traité général de botanique*, ont écrit : « Les végétaux acotylédonés, ainsi que les plantes aquatiques submergées, étant dépourvus d'épiderme, sont aussi par conséquent dépourvus de stomates (2). »

Toutefois, dans une thèse pour le doctorat ès sciences naturelles, soutenue à la Faculté des sciences de Dijon en 1845, *sur l'enveloppe cuticulaire des végétaux*, par M. Lavalle, cette opinion a été combattue ; mais le travail que nous rappelons a passé inaperçu. C'est peut-être que l'auteur n'a pas appuyé ses idées d'un assez grand nombre de faits, et en outre qu'il a cru devoir donner aux mots *cuticule* et *épiderme* un sens différent de celui qu'on leur attribue généralement depuis les travaux de M. Brongniart, ce qui entraîne quelque obscurité. En effet, à l'exemple de De Candolle (3), il nomme *enveloppe cuticulaire* ou *cuticule* la couche cellulaire, qu'on appelle ordinairement *épiderme* ; tandis que prenant ce dernier nom dans une acception nouvelle, il le réserve à la pellicule mince et sans structure, qu'on est habitué à désigner sous la dénomination de *cuticule*, qui lui a été donnée par M. Brongniart. Il en résulte qu'on est obligé de traduire pour ainsi dire en langage ordinaire ce que l'auteur a écrit, sous peine de lire tout l'opposé de ce qu'il a voulu dire. Quoi qu'il en soit, il affirme l'existence, à la surface des végétaux submergés, d'une membrane composée de cellules qui se touchent par tous les points, qui ne laissent entre elles aucun espace, qui ont des formes et des dimensions différentes de celles qu'elles recouvrent, et qui constituent par conséquent un véritable épiderme, dans le sens qu'on attache ordinairement à ce mot. Mais pour lui, cette membrane ne doit pas être qualifiée d'épidermique ; elle constituerait en réalité une enveloppe tégumentaire analogue à la peau des animaux, dont la cuticule de M. Brongniart représenterait l'épiderme. Nous n'avons pas à discuter ici

(1) A. Richard, *Nouveaux Éléments de botanique*, 10ᵉ édition, augmentée, etc., par Ch. Martins, p. 45.

(2) Le Maout et Decaisne, *Traité général de botanique*, p. 96.

(3) De Candolle, *Organographie végétale*, t. I, p. 677.

cette interprétation évidemment inexacte et forcée ; nous nous bornons à rappeler et à enregistrer l'observation de M. Lavalle touchant la présence de cette membrane sur les végétaux ou parties de végétaux submergés, observation qui semble être restée tout à fait ignorée.

M. Duchartre, depuis lors, a apporté des restrictions à la règle formulée par M. Brongniart, pour ce qui est des plantes marines qui forment la petite famille des Zostéracées. « Elles ont, dit-il en parlant de leurs feuilles, un caractère commun dans la présence à leur surface d'une couche de cellules entièrement différentes de celles du parenchyme sous-jacent, et qu'il semble dès lors difficile de ne pas nommer épiderme (1). » Des figures représentant des coupes du *Cymodocea æquorea*, du *Zostera marina*, du *Posidonia Caulini*, montrent, très-bien représentée, cette couche de cellules épidermiques. Nous avons également examiné la coupe transversale d'une feuille de *Zostera nana* qui est nettement pourvue d'un épiderme.

Pourrait-on donc admettre la proposition de M. Brongniart, en la restreignant aux seules plantes submergées dans les eaux douces ? Déjà certains faits ont été observés, qui sont en opposition avec cette manière de voir. « On pose comme règle générale, dit M. Duchartre, que les stomates manquent sur les parties *pourvues d'un épiderme* qui vivent au milieu du sol ou en contact avec l'eau.... Bien que les plantes dont les feuilles flottent sur l'eau manquent généralement de stomates sur leur face foliaire inférieure qui touche le liquide (*Nymphæa*, *Nenuphar*, etc.), j'ai reconnu qu'il en existe un petit nombre à la même face sur les feuilles de l'*Hydrocharis Morsus-ranæ* L., et une quantité beaucoup plus considérable chez le *Limnocharis Humboldtii* Rich. (2). »

M. Trécul, dans un remarquable mémoire sur la structure et le développement du *Nuphar luteum* (3), a décrit avec soin l'épiderme des feuilles. Cet observateur a reconnu que, sur la face

(1) Duchartre, *Éléments de botanique*, p. 335.
(2) *Ibid.*, p. 105.
(3) *Annales des sciences naturelles*, 3ᵉ série, 1845, t. IV, p. 286.

inférieure de la feuille comme sur les autres parties immergées
de la plante, il y a un épiderme composé d'une seule couche de
cellules. Cet épiderme est garni de poils qui se détachent à l'épanouissement de la feuille, laissant adhérente à l'épiderme leur
cellule basilaire. Ce sont ces cellules, de forme circulaire, que
l'on voit sur cet épiderme, enclavées entre des cellules polygonales. La face supérieure et aérienne de la feuille est pourvue
d'un épiderme qui se différencie du précédent par ses caractères.
Il est constitué également par une seule couche de cellules ; mais
celles-ci, qui étaient d'abord polygonales et présentaient des
côtés rectilignes comme celles de la face inférieure, acquièrent
des contours flexueux, et au milieu d'elles, il se développe des
stomates. La cellule basilaire des poils correspond sur la face
inférieure à l'utricule primitif de ces stomates.

Si l'on examine en effet les feuilles flottant à la surface de
l'eau des *Nymphæa*, on trouve très-bien la surface inférieure
qui est en contact avec le liquide recouverte d'un épiderme, dans
lequel on remarque éparses çà et là des cellules arrondies, correspondant aux stomates avortés, ce qui prouve bien la nature
épidermique de la couche celluleuse à laquelle ils appartiennent.
Nous avons représenté cet épiderme appartenant à la face inférieure d'une feuille de *Nuphar luteum* (1). Parfois et malgré le
contact de l'eau, il peut se développer des stomates plus ou
moins parfaits, ainsi que l'a reconnu M. Duchartre dans le passage rapporté plus haut : nous en avons observé sur une feuille
de *Nelumbium speciosum* qui flottait sur l'eau (2); leur développement n'était pas complet à la vérité, mais il permettait de
reconnaître nettement les caractères de structure de ces petits
organes ; leur présence démontre l'existence d'un épiderme à la
face inférieure de ces feuilles, et fournit en outre un exemple
intéressant d'organes rudimentaires.

De la discussion qui précède, il ressort que la proposition
émise par M. Brongniart, et d'après laquelle la cuticule existe-

____

(1) Voy. pl. 1, fig. 13.
(2) *Ibid.*, fig. 16.

rait seule à la surface des feuilles aquatiques, ne saurait être formulée avec ce caractère de généralité, et qu'il y a lieu d'y apporter de nombreuses restrictions. La suite de ce travail nous montrera dans quelles limites elle demeure vraie.

Les plantes qui, au point de vue où nous nous sommes placé, doivent nous offrir le plus d'intérêt, sont celles qui, par leur genre de vie, sont naturellement soumises à des conditions de milieu variables, comme les espèces aquatiques qui, végétant au bord des eaux, dans les mares, dans les ruisseaux, présentent des parties submergées, d'autres émergées. On sait que, dans ce cas, les feuilles, suivant qu'elles sont plongées dans l'eau ou dans l'air, offrent un remarquable polymorphisme : telles sont les Renoncules batraciennes, les Naïadées, les Myriophylles, etc. Nous verrons quels changements impriment à l'épiderme ces influences extérieures. Nous examinerons ensuite un certain nombre de plantes vivant dans des stations toutes différentes, et, par la comparaison des épidermes, nous essayerons de déterminer quelles sont les modifications qui peuvent ainsi se produire.

PLANTES AQUATIQUES.

On donne d'une manière générale le nom de *plantes aquatiques* à celles qui vivent dans l'eau, soit qu'elles y baignent complétement ou seulement en partie. On appelle plus spécialement *plantes marines*, celles qui croissent plongées dans l'eau de la mer. Les plantes aquatiques présentent des différences dans leur manière d'être par rapport au liquide qui les environne, différences qu'on a désignées par des épithètes diverses. On les dit *submergées* quand toutes leurs parties plongent dans l'eau ; *émergées*, quand leur extrémité s'élève au-dessus de sa surface. On appelle *nageantes* les feuilles qui se soutiennent sur l'eau, et *flottantes* (fluitantes) celles qui restent entre deux eaux. Ce sont là des nuances utiles sans doute à distinguer, mais qui n'ont rien d'absolu. On comprend que certaines plantes soient submergées, émergées ou même tout à fait hors de l'eau, suivant que le niveau de celle-ci s'élève ou s'abaisse : telles sont, par exemple, les Renoncules aquatiques. D'autres ont leurs feuilles inférieures submergées et leurs feuilles supérieures nageantes, comme la Châtaigne d'eau (*Trapa natans*). Toutefois les qualifications que nous venons de rappeler sont d'un usage commode et fréquent ; c'est pourquoi nous nous sommes arrêté un instant sur leur signification.

L'étude de l'épiderme dans les plantes aquatiques comporte d'abord l'examen de cette question. Y a-t-il sur les parties qui sont en contact avec l'eau une membrane cellulaire qui doive être regardée comme un épiderme? Nous avons vu que tous les auteurs, ou à peu près tous, répondaient par la négative, suivant l'opinion de M. Brongniart que nous avons fait connaître plus haut. Cette opinion est basée sur l'examen des feuilles de *Potamogeton*, dont la couche cellulaire externe est dépourvue de stomates et se compose de cellules qui renferment de la chlorophylle. Or ces deux caractères paraissent en effet indiquer tout d'abord qu'il ne s'agit pas là d'un épiderme. Mais il faut y regarder de plus près.

Pour ce qui est des stomates d'abord, il est vrai que leur présence est une preuve certaine de l'existence d'un épiderme, mais il ne s'ensuit pas que leur absence implique celle de la membrane épidermique elle-même. Ceci est de toute évidence ; en dehors des cas, en effet, où cette disparition des stomates est le résultat des actions extérieures sur l'épiderme, comme le contact de l'eau, il suffit de réfléchir que la face supérieure des feuilles d'un grand nombre de plantes ne porte pas de stomates, quoiqu'elle soit recouverte d'un épiderme que nul n'a songé à nier. De ce qu'on ne voit pas ces organes à la surface de certaines feuilles, il faut donc se garder de conclure qu'elles sont dépourvues d'épiderme.

Ainsi que l'a dit M. Brongniart, les cellules qui entrent dans la composition de l'épiderme sont généralement remplies d'un liquide incolore ; mais il n'y a rien d'absolu en cela, et il serait facile de citer de nombreux exemples de feuilles à épiderme coloré de nuances diverses. M. Joannes Chatin, dans un travail

récent sur la feuille, en a décrit et figuré un grand nombre (1).
Il serait également inexact de considérer les cellules épidermiques
comme toujours dépourvues de chlorophylle, bien qu'il en soit
ainsi dans l'immense majorité des cas. Par exemple, chez certains
végétaux, comme les Fougères, on trouve normalement des
grains de chlorophylle dans les cellules qui forment la couche
externe qu'on rencontre à la surface des feuilles, et cependant
on ne saurait nier la nature épidermique de cette couche cellulaire, car on y voit des stomates. Les figures données par Julius
Sachs des feuilles de *Selaginella inæqualifolia* et d'*Aneimia
fraxinifolia* (2) montrent bien nettement la vérité de cette assertion. Nous avons en outre observé des grains de chlorophylle
dans les cellules appartenant à l'épiderme d'autres végétaux :
ainsi dans l'épiderme des feuilles de *Veronica Anagallis* (3),
d'*Hydrocharis Morsus-ranæ*.... Enfin la chlorophylle peut se
montrer accidentellement dans des cellules épidermiques qui en
sont ordinairement dépourvues. M. Joannes Chatin en a observé
un curieux exemple dans des cellules appartenant à l'épiderme
d'un pétale d'*Althæa rosea*, et il a représenté cette disposition
anormale (4).

On voit donc que l'absence de la chlorophylle dans les cellules
épidermiques n'a rien d'absolu, et par conséquent on ne saurait
de sa présence conclure nécessairement qu'on n'a pas affaire à
un épiderme. M. J. Sachs dit avec raison que l'union des cellules
épidermiques, ne laissant entre elles aucun espace intercellulaire,
en est souvent le seul caractère distinctif. Cet auteur, en effet,
sans discuter en aucune façon la question qui nous occupe, admet
implicitement l'existence d'un épiderme dans les végétaux submergés ; c'est ce qui résulte de la phrase suivante : « Chez les
Fougères et les plantes submergées nommées plus haut, les cellules épidermiques contiennent cependant aussi des grains de

(1) J. Chatin, *De la feuille* (thèse d'agrégation à l'École de pharmacie, 1874),
p. 45, et pl. 2 et 3.

(2) J. Sachs, *Traité de botanique*, trad. Van Tieghem, 1873, p. 64 et 119.

(3) Voy. pl. 2, fig. 27.

(4) J. Chatin, *loc. cit.*, pl. 3, fig. 7.

chlorophylle (1). » Cette existence de la chlorophylle dans les
cellules de la couche externe a tout d'abord fait nier leur nature
épidermique dans les *Potamogeton* et dans les Naïadées en
général ; mais si l'on considère que les cellules qui entrent dans
la composition de cette couche externe se touchent par tous les
points sans laisser entre elles aucun espace, et du moment qu'il
peut y avoir de la chlorophylle dans certaines cellules épidermiques, il ne reste aucune raison légitime pour ne pas considérer
celles-ci comme telles.

Dans les *Potamogeton*, ce qui a rendu la première interprétation plus plausible, c'est que les feuilles en sont très-minces et
souvent réduites, ainsi que l'a représenté M. Duchartre, à trois
assises de cellules (2) : or, ces cellules, étant vertes, se présentaient
avec l'aspect ordinaire des cellules parenchymateuses et ont été
regardées comme telles ; mais, par suite de ce que nous avons dit
plus haut, nous croyons que les deux assises cellulaires externes
sont de nature épidermique et qu'il y a entre ces deux épidermes
un parenchyme extrêmement réduit.

Ces cellules, en effet, sont intimement unies entre elles,
comme celles qui constituent des membranes épidermiques ; de
plus, elles se différencient jusqu'à un certain point par leur
forme des cellules sous-jacentes. Seulement c'est ici dans la
couche épidermique que se développe la chlorophylle, par suite
sans doute d'une adaptation de l'organisme à des conditions
particulières d'existence.

Cette manière de voir se fortifiera par l'examen d'une autre
plante de la même famille, l'*Althenia*, qui vit également submergée. En effet, la coupe transversale du limbe d'une feuille
présente un faisceau fibro-vasculaire central entouré de cellules
constituant le parenchyme, et nettement distinctes d'une couche
externe de cellules à chlorophylle, au-dessous desquelles on
remarque de chaque côté un faisceau de fibres marginales (3).
Quelle raison pourrait-il y avoir de nier la nature épidermique

<hr>

(1) J. Sachs, *loc. cit.*, p. 111.
(2) Duchartre, *loc. cit.*, p. 335.
(3) Voy. pl. 1, fig. 1.

104	**H. SICARD.**

de ces cellules? Nous n'en voyons pas, et c'est aussi l'avis de
M. Duval-Jouve, qui a décrit le premier l'espèce à laquelle appartient cette feuille sous le nom d'*Althenia Barrandonii*, et qui
qualifie d'*épiderme* la couche celluleuse externe dont il s'agit (1).

De même, dans les Zostéracées, les cellules de la couche
externe qui sont regardées par M. Duchartre comme formant
un épiderme, sont remplies de chlorophylle, et la présence de
cette matière dans leur intérieur n'a pas empêché l'éminent
professeur de reconnaître leur vraie nature.

Nulle part les modifications présentées par les feuilles et produites par l'action du milieu ne sont plus remarquables que dans
certaines plantes submergées, où l'on voit apparaître des organes
nouveaux qui ne sont que des feuilles ou des parties de feuilles
transformées . telles sont les ascidies de l'*Utricularia vulgaris* et
les vésicules de l'*Aldrovanda vesiculosa*.

Nous ne ferons pas ici l'histoire de ces ampoules des Utriculaires qui ont depuis longtemps fixé par leur singularité l'attention des botanistes, et dont la description a été donnée avec
détail par M. Duchartre dans son *Traité de botanique*. Nous
n'examinerons en elles que ce qui a trait à la question qui nous
occupe. Or, si l'on étudie la structure de ces singulières formations, on trouve leur paroi composée de tissu cellulaire, et l'on
remarque à leur surface interne des organes particuliers. Extérieurement, ce sont des cellules d'une forme spéciale et unies
deux à deux (2), ou plutôt une cellule arrondie et présentant
dans son milieu une cloison transversale, comme on le voit dans
la cellule mère des stomates, à une certaine époque de son développement. L'analogie est donc manifeste, et elle a été indiquée
par M. Benjamin, qui a remarqué aussi que ces cellules sont
placées à l'extrémité de méats intercellulaires.

La face interne de l'ascidie est garnie de petits organes plus
complexes, composés de quatre cellules unies par leur base et
très-allongées, de sorte qu'en divergeant entre elles, elles forment

(1) Duval-Jouve, *Sur une nouvelle espèce d'*Althenia (*Alth. Barrandonii*), in *Bull. de
la Soc. bot. de France*, t. XIX, p. LXXXVI.
(2) Voy. pl. 1, fig. 2.

des branches disposées par paires d'inégale grandeur (1). Ces
formations ont été regardées comme des poils, et elles en ont
en effet l'apparence ; mais il faut observer qu'elles sont portées
par des cellules d'une forme particulière, très-différentes de
celles qui les entourent. Ces cellules sont au nombre de quatre,
et leur ensemble représente un cercle dont chacune d'elles
forme le quart ; au centre, il existe un petit orifice, et les cellules
faisant saillie, celui-ci occupe le sommet du petit mamelon
qu'elles constituent par leur union et au-dessous duquel on
voit une véritable chambre à air (2).

L'analogie de ces cellules avec des stomates nous semble des
plus nettes, et les prétendus poils qu'elles portent font eux-mêmes
partie de l'appareil stomatique, modifié ici dans sa constitution
par suite de l'adaptation de ses parties à des conditions particulières d'existence. Au point de vue anatomique, la présence
des quatre cellules allongées qui surmontent les cellules stoma-
tiques fondamentales n'a par elle-même rien d'extraordinaire,
car on connaît des cas nombreux de multiplication des cellules
de bordure, et l'on sait quelle importance secondaire a la forme
quand il s'agit de déterminer la nature d'un organe. Cette manière de voir est corroborée, indirectement il est vrai, par le
rôle de ces poils qui produisent le gaz contenu dans les ampoules ;
n'y a-t-il pas là un phénomène physiologique nettement en
rapport avec les fonctions respiratoires ? Quoi qu'il en soit, la
présence de ces formations diverses à la surface des ampoules
dénote bien l'existence d'une membrane de nature épidermique,
dont les caractères sont modifiés par les conditions extérieures
et une adaptation physiologique nouvelle.

Il en est de même dans l'*Aldrovanda vesiculosa*, bien que les
organes affectent ici une forme différente. Sur la face externe
des vésicules, on voit des cellules qui offrent beaucoup de res-
semblance avec celles qu'on trouve à l'extérieur des ascidies de
l'Utriculaire (3). En dedans, sur la paroi des vésicules et dans

(1) Voy. pl. 1, fig. 3.
(2) *Ibid.*, fig. 4.
(3) *Ibid.*, fig. 6.

une zone qui s'étend autour du pédicule, on observe des formations composées de douze cellules, dont quatre placées au centre et huit disposées circulairement autour de celles-ci (1). Chose digne de remarque, dans la zone extérieure à celle-ci, on voit des appendices en forme de poils composés de quatre cellules disposées comme des rayons autour d'un point central, mais rapprochées par paires. Ils ne diffèrent de ceux qu'on observe à la face interne des ascidies des Utriculaires que par la similitude des quatre branches qui sont ici d'égale longueur. A quelle circonstance se rattache la production de ces formations diverses? C'est ce que nous ignorons; mais ces petits organes nous paraissent être également les analogues des stomates, et leur présence témoigne de la nature épidermique de la surface qui les porte.

Enfin, nous mentionnerons comme une modification plus remarquable encore des stomates ce qu'on observe dans les *Pinguicula* (*P. vulgaris*), où l'on voit se développer, à la surface de la feuille submergée et par multiplication d'une cellule épidermique, des organes en saillie dont l'apparence est celle d'un vase à col allongé portant à son extrémité supérieure une couronne de cellules au nombre de huit. Ces formations ont été décrites et figurées par Schacht (2) comme des poils, mais elles nous semblent avoir une complète analogie avec celles que nous venons d'examiner dans l'*Utricularia* et dans l'*Aldrovanda*, bien que nous ayons le regret de n'avoir pu les observer par nous-même (3).

(1) Voy. pl. 1, fig. 5.

(2) H. Schacht, *Die Pflanzenzelle*, etc., p. 234, et tab. vii, fig. 14, 15 et 16. Berlin, 1852.

(3) Ce genre de formations se rencontre sur un grand nombre de végétaux aquatiques, et leur étude ne saurait être faite d'une façon incidente. L'intérêt qu'elles présentent a été signalé par M. Duval-Jouve, qui dit à ce propos : « Sur l'épiderme des tiges de *Myriophyllum* se montrent en légère saillie des groupes de cellules analogues à ceux qui terminent les poils composés des feuilles du *Pinguicula vulgaris* L., et à ceux qui existent à l'intérieur des vessies de l'*Utricularia vulgaris* L. et de l'*Aldrovanda vesiculosa* L., etc. Ces corps, communs à des plantes aquatiques, méritent de fixer l'attention des botanistes, comme révélant des modifications commandées par les exigences du milieu. » (Duval-Jouve, *Diaphragmes vasculifères des Monocotylédones aquatiques*, in *Mém. Acad. des sc. et lettr. de Montpellier*, 1873, p. 171, note.)

Il ne saurait donc rester de doute sur l'existence d'un véritable épiderme chez les divers végétaux submergés dont nous venons de parler, mais chez les plantes aquatiques qui ne baignent pas dans l'eau par toute leur surface, l'existence de l'épiderme sur les parties qui sont en contact avec le liquide est plus manifeste encore. Cette membrane présente alors des modifications en rapport avec l'influence de ce nouveau milieu et, à ce titre, des plus intéressantes à observer.

Le *Scirpus lacustris* de la famille des Cypéracées, qui croît très-communément au bord des eaux, présente des changements de forme remarquables, en rapport avec le milieu ambiant (1). Les feuilles aériennes, qui sont la plupart abortives et squamiformes, se développent et acquièrent une longueur considérable quand elles sont plongées dans une eau courante ; elles mesurent alors jusqu'à 2 et 3 mètres de long et ont la forme d'un ruban étroit. L'épiderme présente des différences notables dans les unes et dans les autres. Celui que l'on observe sur les feuilles aériennes n'est pas le même à la face supérieure et à la face inférieure de chacune d'elles. Le premier se compose de grandes cellules très-volumineuses que M. Duval-Jouve a proposé pour cette raison d'appeler *bulliformes* (2), et parmi lesquelles on ne remarque aucun stomate (3). Celui de la face inférieure, au contraire, est formé de petites cellules allongées, de forme quadrilatérale, et il est muni de stomates nombreux, régulièrement disposés en lignes longitudinales (4).

Dans les feuilles submergées, les deux épidermes sont semblables ; on ne trouve de stomates ni sur la face supérieure, ni sur la face inférieure. Les cellules qui entrent dans leur composition sont petites, et se rapprochent par leur forme et leur

---

(1) Les modifications du *Scirpus lacustris* ont été décrites par M. Duval-Jouve dans un mémoire qui a pour titre : *Étude histotaxique des Cyperus de France* (p. 405 et suiv.), et qui a paru pendant l'impression de ce travail.

(2) Duval-Jouve, *Agropyrum de l'Hérault* (*Mém. de l'Acad. de Montpellier*, 1870, p. 320, et *Tissus de Joncées, de Cypéracées et de Graminées*, in *Bull. de la Soc. bot. de France*, t. XVIII, p. 234).

(3) Voy. pl. 1, fig. 7.

(4) *Ibid.*, fig. 8.

dimension de celles qu'on observe à la face inférieure des feuilles aériennes; toutefois elles sont beaucoup plus allongées et plus étroites, disposition qui est en rapport avec la longueur considérable de ces feuilles (1).

C'est là un cas manifeste de modification de l'épiderme sous l'influence des conditions extérieures. On peut, en outre, suivant une observation déjà faite par M. Lavalle, saisir le passage d'une forme à l'autre, en ayant soin d'examiner sur une plante à moitié submergée l'épiderme en un point correspondant à peu près au niveau de l'eau. On voit alors à la surface extérieure de la gaîne qui entoure la tige, et dont la feuille n'est que le prolongement, les stomates disparaître, pour ainsi dire, graduellement en allant de la partie aérienne à la partie immergée, c'est-à-dire qu'ils vont en s'espaçant de plus en plus avant de faire complétement défaut. Comment pourrait-on soutenir ici que la partie plongée dans l'eau est dépourvue d'épiderme? Où donc serait la limite de cette membrane? Ajoutons que dans ces cellules on remarque l'apparition de grains de chlorophylle, preuve nouvelle de ce que nous avons dit plus haut relativement à la présence de cette substance dans certaines cellules épidermiques.

Quelque chose d'analogue à ce que nous venons de voir pour le *Scirpus lacustris* nous est offert par le *Sparganium ramosum*, qui croît également au bord des eaux. Sur les longues feuilles rubaniformes de cette plante qui plongent dans l'eau par leur base on trouve l'épiderme modifié, suivant qu'il est en contact avec l'eau ou avec l'air. Celui de la face supérieure est composé de cellules qui sont assez régulièrement rectangulaires; mais tandis que la partie aérienne de la feuille est pourvue de stomates, la partie immergée n'en possède point, et en outre les cellules qui la composent sont beaucoup plus volumineuses (2).

L'épiderme inférieur a la même structure que l'épiderme supérieur et présente des modifications de même nature.

(1) Voy. pl. 1. fig. 9.
(2) *Ibid.*, fig. 10 et 11.

Un grand nombre de plantes aquatiques ont des feuilles *nageantes* qui ont par conséquent leur face supérieure en rapport avec l'air et leur face inférieure en rapport avec l'eau. Nous avons déjà indiqué, au commencement de ce travail, les observations de M. Trécul qui démontrent que dans le *Nuphar luteum* ces feuilles ont leurs deux faces pourvues d'un épiderme. Chez toutes celles que nous avons examinées, nous avons toujours constaté qu'il en était ainsi ; seulement, sous l'influence du milieu, la structure de cette membrane se modifie considérablement.

Les figures 12 et 13 de la planche 1 montrent combien est grande la différence qui existe entre l'épiderme de la face supérieure et l'épiderme de la face inférieure des feuilles du Nénuphar jaune. Dans le premier, le contour des cellules est flexueux, tandis que dans le second il forme un polygone à côtés rectilignes. L'un porte des stomates nombreux ; l'autre en est dépourvu et présente d'espace en espace des cellules arrondies qui formaient la base des poils dont la page inférieure de la feuille est garnie pendant son développement. Ces poils tombent lors de l'épanouissement de la feuille, mais leur cellule basilaire reste, et « c'est elle, dit M. Trécul dans son mémoire sur la structure de cette plante, qui communique à l'épiderme l'aspect particulier qu'il présente, c'est-à-dire celui d'un grand nombre de petits cercles enclavés dans des cellules polygonales » (1). Ce botaniste considère cette cellule basilaire des poils comme l'analogue de l'utricule primitif des stomates. Ces différences dans la forme des deux épidermes sont aussi regardées par lui comme étant en rapport avec l'influence du milieu, car il dit : « L'épiderme du côté supérieur de la feuille diffère essentiellement de celui des autres parties de la plante. Cette face de la feuille étant le seul point du végétal qui soit exposé au contact de l'air, par conséquent le seul point par lequel ce fluide puisse être introduit directement doit nécessairement subir des modifications profondes dans sa structure. On ne retrouve plus en effet les

____

(1) Trécul, *loc. cit.*, p. 308.

poils de la page inférieure, ils sont remplacés par les stomates (1). »

Le *Villarsia nymphoides* a des feuilles plus petites que celles
du Nénuphar, mais nageantes aussi, et qui, à cause de leur res-
semblance avec elles, ont valu à cette plante le nom de Faux
Nénuphar. Ces feuilles sont pourvues d'un épiderme dissem-
blable, mais nettement reconnaissable, sur les deux faces. Celui
qui recouvre la face inférieure, en contact avec l'eau, est formé
de cellules irrégulièrement polygonales, à contours très-peu
flexueux. Ces cellules se différencient parfaitement par leur
forme de celles qui sont placées au-dessous et qui appartiennent au mésophylle. Par places elles sont de dimension plus
petite et de forme plus régulière, se rapprochant ainsi jusqu'à
un certain point de celles qui entrent dans la composition de
l'épiderme supérieur ; elles contiennent alors des corpuscules de
couleur brune, et forment des groupes qui ont l'aspect de petites
taches, et dont l'ensemble donne à cette face de la feuille cette
coloration particulière plus ou moins développée qu'on lui connaît. Nous verrons quelque chose d'analogue dans l'épiderme
inférieur des feuilles de *Nelumbium*. L'épiderme supérieur est
formé de petites cellules assez régulières, au milieu desquelles
on voit un nombre considérable de stomates de petite dimension,
car ils ne mesurent que $0^{mm},02$ de longueur. On en compte
environ 500 par millimètre carré.

Les feuilles nageantes de l'*Aponogeton distachyus* présentent,
sur leur face inférieure aussi bien que sur leur face supérieure,
un épiderme très-bien caractérisé, composé d'une assise de cellules intimement unies et se distinguant par leur forme de celles
qui constituent le parenchyme vert sous-jacent. Elles sont irrégulièrement rectangulaires, mais à la page inférieure que baigne
le liquide et qui est dépourvue de stomates, elles sont plus grandes
qu'à la page supérieure, qui porte des stomates assez volumineux. Ceux-ci ont de $0^{mm},036$ à $0^{mm},040$ de long ; leur nombre
est de 240 environ par millimètre carré.

(1) Trécul, *loc. cit.*, p. 308.

L'*Hydrocharis Morsus-ranæ* est une plante aquatique dont la tige très-grêle est submergée, mais dont les petites feuilles sub-orbiculaires-réniformes flottent à la surface des eaux tranquilles, dans les mares et les fossés. Si l'on examine ces feuilles, on trouve que l'épiderme de la face supérieure est formé de cellules à contours sinueux, et qu'il est muni de stomates ayant $0^{mm},040$ de longueur et en nombre assez restreint, car on n'en compte guère que 50 par millimètre carré.

La face inférieure de ces feuilles, qui est en contact avec l'eau, est également recouverte d'un épiderme dont les cellules, plus grandes que celles de l'épiderme supérieur, ont une forme polygonale et des contours presque droits. Sur cette face, M. Duchartre a signalé l'existence de stomates (1), qui sont rares à la vérité, mais dont la présence suffit pour démontrer la nature épidermique de cette couche celluleuse. Il est aussi à remarquer que dans les cellules qui la composent, on trouve des grains épars de chlorophylle.

Il est une singulière petite plante qui flotte librement à la surface des eaux stagnantes, qui n'a pas de feuilles, et dont la tige, représentée par des articles ou *frondes* lenticulaires, a l'aspect de toutes petites feuilles : nous voulons parler des Lentilles d'eau ou *Lemna minor*. Nous avons été curieux de voir comment se comportait l'épiderme à la surface de ces frondes, et nous avons reconnu qu'elles en étaient pourvues sur les deux côtés. Il se compose de cellules à contours sinueux et ne porte de stomates qu'à la face supérieure. Ces petits organes sont de très-faible dimension, car ils n'ont que $0^{mm},015$ de longueur ; ce sont les plus petits que nous ayons rencontrés. A la face inférieure les cellules sous-épidermiques sont grandes et contiennent des grains d'amidon ; on en trouve aussi un certain nombre qui renferment des raphides. Au-dessous de l'épiderme supérieur, au contraire, ce sont des cellules à chlorophylle.

Une espèce voisine de la précédente, le *Lemna trisulca*, remarquable par la disposition de ses frondes oblongues-lancéolées,

____

(1) Duchartre, *loc. cit.*, p. 105.

réunies par trois en forme de croix, ne flotte pas sur l'eau comme le *Lemna minor*; elle est complétement submergée et ne vient à la surface qu'au moment de la floraison. On trouve ici les deux faces des frondes recouvertes d'un épiderme composé également de cellules à bords sinueux, mais la face supérieure ne présente pas les stomates que l'on observe dans le *Lemna minor*.

Le *Nelumbium speciosum* est, comme on sait, une belle plante aquatico-aérienne dont les larges feuilles peltées sont portées par de longs pétioles, et viennent s'étaler à la surface de l'eau ou se déployer à l'air libre. Il y a donc des feuilles en rapport avec l'air par leur face supérieure et avec l'eau par leur face inférieure, d'autres qui sont tout à fait aériennes. Il est intéressant d'examiner comment se comporte l'épiderme dans ces divers cas.

Celui qui occupe la face supérieure des feuilles est composé de cellules polyédriques dont le côté externe présente une saillie ou villosité assez élevée (1). Ces villosités donnent à cette surface l'aspect velouté qui la caractérise. Les cellules sont de petite dimension et ne mesurent guère que $0^{mm},02$ de diamètre ; les villosités ont $0^{mm},01$ de hauteur environ. On remarque entre ces cellules des stomates nombreux (2); on en compte de 240 à 250 par millimètre carré. La présence des villosités, dont le sommet occupe naturellement un plan supérieur à celui où se trouvent les stomates, exige un certain soin pour mettre ceux-ci en évidence ; quand ils sont au foyer et nettement visibles, les villosités ont l'apparence de noyaux qui occuperaient le centre des cellules épidermiques, et celles-ci se présentent alors avec l'aspect d'un épithélium pavimenteux (3). Une coupe transversale montre clairement la forme et la vraie nature des villosités (4).

L'épiderme qui recouvre la face inférieure des feuilles comprend des cellules dont la forme est bien différente de celle que

<hr>

(1) Voy. pl. 1, fig. 18.
(2) *Ibid.*, fig. 19.
(3) *Ibid.*, fig. 19.
(4) *Ibid.*, fig. 20.

nous venons d'observer à la face supérieure ; de plus, cette forme n'est pas la même, suivant que cette face est en contact avec l'eau dans une feuille nageante, ou avec l'air dans une feuille aérienne. Dans le premier cas, cet épiderme présente une coloration jaune brun plus ou moins développée, qu'il n'a pas dans le second. Cette coloration est produite par de petites taches brunes punctiformes qui, examinées au microscope, offrent l'aspect que nous avons figuré dans notre dessin (1).

On voit que ces taches sont dues à l'existence de cellules réunies par groupes, et contenant dans leur intérieur une matière de couleur jaune. Nous avons déjà rencontré une disposition analogue à la face inférieure des feuilles de *Villarsia nymphoïdes*. Les cellules qui entrent dans la composition de cet épiderme sont plus grandes que celles qu'on trouve à la face supérieure (2) ; leur diamètre dépasse en effet $0^{mm},03$. Ici les stomates font défaut ; cependant on en rencontre quelques-uns, quoique rares (3), qui montrent bien la nature épidermique de la couche cellulaire à laquelle ils appartiennent.

Les feuilles aériennes, c'est-à-dire celles dont la face inférieure n'est pas en contact avec l'eau, ont sur cette face un épiderme formé de cellules qui se distinguent à tous égards des précédentes (4). Leurs contours sont beaucoup plus irréguliers, sinueux (comme dans l'épiderme des feuilles en général) ; leurs parois paraissent plus épaisses. Enfin, on ne trouve plus ici la coloration jaunâtre et les taches ponctiformes que nous avons indiquées dans le cas précédent. Il y a donc là, dans la structure de la membrane épidermique, des différences notables qui sont, sans aucun doute, en rapport avec l'influence des conditions extérieures de milieu.

Le genre *Jussiæa* renferme des plantes qui sont terrestres et des plantes qui sont aquatiques. Sur les parties immergées de ces dernières, on voit naître, des nœuds de la tige, des racines ordi-

(1) Voy. pl. 1, fig. 15.
(2) *Ibid.*, fig. 14.
(3) *Ibid.*, fig. 16.
(4) *Ibid.*, fig. 17.

naires et des organes particuliers, racines aérifères, qui remplissent les fonctions de vessies natatoires, et soutiennent les rameaux à la surface de l'eau. Ces racines aérifères ont été de la part de M. Charles Martins l'objet d'une étude spéciale (1). Dans le mémoire qu'il leur a consacré, ce botaniste montre que les racines adventives de ces plantes se développent sous l'influence de l'eau. Si on les cultive, en effet, dans un terrain qui ne soit pas submergé, elles se modifient d'une façon remarquable. « La plante tout entière, dit M. Martins, est alors fort différente des sujets venus dans l'eau. Le port général, la disposition des rameaux, dont les entrenœuds rapprochés portent de petites rosettes de feuilles avortées, ne sont plus les mêmes. Les feuilles, réduites au quart de leur grandeur naturelle, se couvrent de poils blanchâtres qui manquent sur celles de la plante immergée dans l'eau. Presque tous les rameaux florifères sont remplacés par des branches courtes, non ramifiées, composées uniquement de feuilles encore plus petites que celles dans l'aisselle desquelles ces branches ont pris naissance (2). » Voilà certes un exemple remarquable de modifications produites dans la forme d'une plante par le changement de milieu. Trouvons-nous une différence correspondante dans la structure de l'épiderme ? Il y en a une tout d'abord que M. Martins a indiquée : c'est la présence de poils sur les feuilles de la plante terrestre, tandis qu'on n'en trouve pas sur les feuilles de la plante aquatique. Cependant, si l'on compare l'épiderme des feuilles de l'une et de l'autre forme, on lui reconnaît sensiblement les mêmes caractères, ainsi qu'on peut le voir par l'examen des figures 21 et 22. Dans la forme terrestre, les cellules sont seulement plus petites, mais elles n'offrent pas d'autre différence. Cette diminution dans le volume des cellules épidermiques est en rapport avec l'amoindrissement des feuilles, qui sont moins développées. Les stomates, qui existent dans l'un et l'autre cas à la face supérieure et à la face inférieure de la feuille, n'offrent rien de particulier, et ils sont

---

(1) Ch. Martins. *Mémoire sur les racines aérifères ou vessies natatoires des espèces aquatiques du genre* Jussiæa, 1866.

(2) *Ibid.*, p. 11.

relativement en nombre égal sur les feuilles de ces deux plantes ;
ils sont seulement plus espacés dans la forme aquatique. Les
modifications dans l'épiderme sont légères et bien moins grandes
que celles que nous avons observées jusqu'ici : cela s'explique,
si l'on réfléchit que, dans l'une et l'autre forme, les feuilles sont
plongées dans l'air, et ne subissent pas d'action comparable à
celle qui résulte d'un changement absolu de milieu, tel que l'air
ou l'eau. Ici l'accroissement plus grand que prennent les plantes
vivant dans l'eau entraîne un développement plus grand aussi
des cellules épidermiques, sans que la forme de ces cellules soit
du reste modifiée.

Obligé de nous borner dans l'examen des faits nombreux de
modifications que présente l'épiderme chez les végétaux aquatiques, nous ne poursuivrons pas plus loin cette étude, qui nous
parait avoir suffisamment démontré toute l'importance de ces
changements. Cependant nous dirons encore un mot de ce qu'on
observe chez les Renoncules batraciennes, à propos d'un intéressant travail de M. E. Askenasy (1), qui a étudié les modifications
que subit le *Ranunculus aquatilis*, selon le milieu où il vit. On
sait, en effet, combien est remarquable le polymorphisme de ces
plantes, suivant les conditions d'existence où elles se trouvent.
D'après M. Askenasy, les diverses formes qu'on rencontre dans
la section *Batrachium* du genre *Ranunculus* proviendraient d'un
type originel représenté, soit par le *R. hederaceus*, soit par les
feuilles nageantes du *R. aquatilis*. Il a observé que ces formes
restent quelquefois identiques avec les premiers états de développement de ces plantes, et il pense que c'est ensuite l'influence
des conditions extérieures qui amène les divergences qu'elles
présentent entre elles. Ce qu'il nous importe surtout de noter,
c'est qu'il a constaté la présence de stomates sur les feuilles
submergées du *R. aquatilis*, au sommet des laciniures de ces
feuilles et entre les poils qui s'y trouvent. « C'est là, dit-il, un des
plus beaux exemples de développement d'organes rudimentaires

(1) E. Askenasy, *Ueber den Einfluss des Wachsthumsmediums auf die Gestalt der
Pflanzen* (*Botanische Zeitung*, 1870, nᵒˢ 13, 14 et 15), analysé in *Revue bibliogr.
Bull. de la Soc. bot. de France*, t. XX, p. 76.

qu'on observe dans le règne végétal. » Nous avons déjà rencontré des cas de stomates développés, comme organes rudimentaires ou inutiles, sur des feuilles submergées.

PLANTES TERRESTRES.

Les plantes terrestres ne subissent pas, comme celles dont nous nous sommes occupé déjà, des changements aussi considérables dans leurs conditions d'existence ; cependant il y a encore de telles différences entre les diverses stations où elles croissent, que leur aspect et leur physionomie varient avec elles. On s'en convaincra principalement si l'on suit dans les différents habitats où l'on peut les rencontrer les individus d'une même espèce, ainsi que l'a fait M. E. Fournier pour une Crucifère, le *Sisymbrium pumilum,* dont il a montré les modifications suivant les changements de milieu (1).

M. E. Faivre a également observé cette influence des stations sur une autre plante, la Brunelle commune (*Brunella vulgaris*). « Dans les lieux secs et élevés des Alpes, dit-il, nous avons observé des individus dont l'aspect, la taille, le développement sont ceux des formes alpestres. Dans les prairies basses et marécageuses, l'espèce se présente avec une autre physionomie : le système souterrain est réduit ; les tiges, grêles et allongées, couchées sur le sol, y sont maintenues par des racines adventives développées à chaque entre nœud. Sur les prairies élevées, arrosées par les torrents, on rencontre une forme rampante, caractérisée par la vigueur de ses nombreux rejets latéraux et l'abondance de ses fleurs. Dans les bois, la Brunelle offre une forme ombreuse, caractérisée par la longueur du pédoncule floral et la richesse de l'inflorescence (2). »

Voilà, certes, des modifications qui démontrent à quel point l'organisme végétal est flexible pour s'adapter au milieu où il vit. Quels changements subit en pareil cas l'épiderme ? c'est ce

_____

(1) E. Fournier, *Recherches anatomiques et taxonomiques sur la famille des Crucifères* (thèse). Paris, 1865.

(2) E. Faivre, *loc. cit.,* p. 24.

que nous devons maintenant examiner. Parmi eux, celui qui frappe le premier l'observateur tient au développement si variable des poils, qui fait que telle plante sera velue ou glabre, suivant qu'elle aura grandi dans un lieu sec ou dans un lieu humide.

Il y a une corrélation manifeste entre la formation des poils et les conditions extérieures, et il est intéressant de remarquer la signification physiologique de ce fait, dont M. Ad. Weiss a fait ressortir avec beaucoup de soin toute l'importance dans un mémoire spécial sur ce sujet (1). L'apparition des poils ou leur disparition ne constitue pas le seul changement que l'épiderme puisse présenter ; toutefois on doit prévoir à priori que les modifications de cette membrane cellulaire ne sauraient être bien considérables, à cause même de la simplicité de son organisation. Si l'on jette cependant un coup d'œil sur les premières figures de la planche 2, et qu'on les compare à celles qui suivent, on verra que l'aspect n'en est pas le même, et qu'il y a là deux groupes faciles à distinguer : l'un formé par des épidermes de végétaux appartenant à des stations humides, et l'autre par des épidermes de végétaux vivant dans des lieux secs.

Pour déterminer d'une manière indiscutable la nature des modifications qu'éprouve la membrane épidermique, il faudrait comparer entre eux le plus grand nombre possible d'épidermes : en effet, si l'on voyait alors tel ou tel caractère coïncider toujours avec telle ou telle condition de milieu, on en pourrait légitimement inférer qu'il en est la conséquence ; mais, d'un côté, nous n'avons pas pu multiplier nos observations autant que nous l'aurions voulu, et, de l'autre, nous ne saurions, dans le cadre que nous nous sommes imposé, énumérer ni décrire tous les épidermes que nous avons examinés ; cette énumération serait en outre des plus fastidieuses. Nous nous sommes donc borné à l'exposé d'un petit nombre de cas, que nous donnons, pour ainsi dire, à titre d'exemples, et qui nous semblent suffisants pour

(1) Ad. Weiss, *Die Pflanzenhaare. Untersuchungen ueber den Bau und die Entwickelung derselben*, in *Bot. Untersuchungen...*, von H. Karsten, 1867, p. 369.

mettre en lumière le fait général qu'il nous importait de constater.

Nous nous occuperons d'abord des plantes qui vivent dans les lieux humides.

Le *Caltha palustris* est une Renonculacée qu'on trouve sur les bords des ruisseaux, dans des endroits marécageux ; il a des feuilles suborbiculaires, épaisses, luisantes et dépourvues de poils. L'épiderme de la face inférieure est formé de grandes cellules à contours sinueux, au milieu desquelles on remarque des stomates de grande taille, ayant $0^{mm},05$ de longueur environ ; ils sont au nombre de 90 à 100 par millimètre carré (1). L'épiderme de la face supérieure de la feuille ne se différencie du précédent que par les dimensions un peu moindres des cellules qui le composent ; il est également pourvu de stomates.

Parmi les Crucifères, il y a des espèces qui habitent les lieux humides, le *Cochlearia officinalis* par exemple. Les feuilles de cette plante sont glabres, et recouvertes sur les deux faces d'un épiderme dont les cellules sont grandes et à bords sinueux (2). Il y a peu de stomates à la face supérieure ; on en compte environ 200 par millimètre carré à la face inférieure. Ces petits organes ont $0^{mm},026$ de longueur.

Dans la même famille, le *Nasturtium officinale* (Cresson de fontaine) est aussi une plante des lieux humides. Ses feuilles sont glabres comme les précédentes, et portent sur leurs faces supérieure et inférieure un épiderme à peu près semblable. On trouve sur toutes deux des stomates en nombre sensiblement égal, environ 200 par millimètre carré ; ils ont $0^{mm},030$ de longueur. Les cellules épidermiques, un peu moins grandes que celles du *Cochlearia*, ont des contours très-sinueux, qui forment un dessin des plus délicats.

Les Gentianées sont en général des plantes propres aux stations humides. La petite Centaurée (*Erythræa Centaurium*), que l'on trouve communément dans les bois, dans les prairies, a des

---

(1) Voy. pl. 2, fig. 24.
(2) *Ibid.*, fig. 26.

feuilles opposées, glabres, dont l'épiderme est composé de grandes cellules à contours sinueux (1). La face inférieure porte des stomates volumineux atteignant jusqu'à $0^{mm},05$ de longueur, mais en petit nombre, 75 environ par millimètre carré.

Dans le *Rumex Patientia*, les cellules qui composent l'épiderme des feuilles sont grandes ; leurs bords présentent des sinuosités très-peu marquées (2). L'épiderme offre les mêmes caractères sur les deux faces de la feuille, qui sont également pourvues l'une et l'autre de stomates. Ceux-ci sont au nombre de 100 à 110 par millimètre carré, et ont environ $0^{mm},05$ de longueur. Les deux faces sont dépourvues de poils.

On sait que les espèces de Véroniques qui croissent aux bords des eaux sont glabres, tandis que celles qui habitent des lieux secs portent des poils polycellulaires simples. Chez les unes et les autres, les cellules épidermiques, à contours très-sinueux, ont une forme semblable ; mais elles sont de dimension moindre dans les espèces des lieux secs. Les deux faces des feuilles sont toujours munies de stomates ; mais ceux-ci sont moins nombreux sur celles de ces plantes qui vivent auprès des ruisseaux, des fontaines. Ainsi chez le *Veronica officinalis* on en compte 130 par millimètre carré à la face inférieure des feuilles, tandis que chez le Mouron d'eau (*Veronica Anagallis*), on n'en compte que 75 sur la même face des feuilles. De plus, les cellules épidermiques contiennent ici des grains de chlorophylle dont nous avons eu déjà l'occasion de signaler la présence (3) à propos des faits qui établissent que cette matière peut se rencontrer dans des cellules appartenant à un véritable épiderme.

La Menthe aquatique (*Mentha aquatica*) habite les bords des ruisseaux ; l'épiderme de ses feuilles est formé par de grandes cellules ayant l'aspect de celles que nous avons examinées jusqu'ici, et qui appartiennent à des plantes vivant dans des stations analogues. On y trouve des poils, à la vérité, mais en petit nombre seulement (4). Si l'on compare cet épiderme avec celui

(1) Voy. pl. 2, fig. 23.
(2) *Ibid.*, fig. 25.
(3) *Ibid.*, fig. 27.
(4) *Ibid.*, fig. 28.

d'autres plantes de la même famille habitant des lieux secs, comme la Lavande et le Romarin, on est frappé de la différence qu'ils présentent. On n'a pour cela qu'à jeter les yeux sur la figure 28 qui représente le premier, et sur les figures 31 et 35 qui représentent les autres. Ceux-ci ont des cellules plus petites, plus compactes en quelque sorte, à parois plus épaisses, et recouvertes par une cuticule beaucoup plus développée. Dans la Lavande surtout (*Lavandula Spica*), ces caractères sont très-marqués. L'épiderme se compose de cellules de petite dimension, ayant un diamètre moyen de 0^{mm},020 environ, de forme irrégulièrement polygonale, et remarquables par l'épaisseur de leurs parois (1). On trouve des stomates sur les deux faces de la feuille, qui sont garnies de poils en nombre extrêmement considérable. Ces poils ont été désignés, à tort, comme étoilés par divers auteurs : « Feuilles munies d'un duvet étoilé », disent Grenier et Godron dans leur *Flore de France* (2). Ce sont des poils rameux (3), très-serrés, qui forment, en enlaçant leurs rameaux les uns avec les autres, une sorte de feutre recouvrant la surface de la feuille. J'ai calculé qu'il y avait environ un millier de poils par millimètre carré, nombre immense comme on voit. Au milieu de ces poils sont les glandes pédicellées propres à ces plantes.

Les feuilles du Romarin (*Rosmarinus officinalis*) sont aussi des plus intéressantes à examiner ; elles sont linéaires, vertes et chagrinées en dessus, mais à bords roulés en dessous, de telle sorte que la face inférieure, blanche et tomenteuse, est plus étroite que la face supérieure, et se présente comme un sillon, qui est lui-même divisé en deux par la saillie que forme sur la ligne médiane la nervure de la feuille. Cette face concave est remplie de poils rameux entrelacés.

Les cellules épidermiques sont petites, quoique plus grandes que celles de la Lavande, à bords presque rectilignes, à parois assez épaisses (4) ; elles portent une cuticule très-développée. Au-dessous de cette assise épidermique, le parenchyme en palis-

---

(1) Voy. pl. 2, fig. 31.
(2) Grenier et Godron, *Flore de France*, t. II, p. 647.
(3) Voy. pl. 2, fig. 32.
(4) *Ibid.*, fig. 35.

sade n'est pas disposé suivant une zone régulière. Il est séparé
de l'épiderme proprement dit par de grandes cellules, formant
des couches de renforcement qui ne sont pas également développées partout (1). Ces couches disparaissent sur les bords in-
fléchis en dessous, tandis que sur d'autres points, au nombre de
cinq, un médian et quatre latéraux, elles se multiplient de façon
à constituer de véritables coins, qui pénètrent profondément dans
le parenchyme et le séparent en six masses bien distinctes (2).

L'épiderme inférieur est composé de cellules, qui ne diffèrent
de celles qu'on rencontre à la face supérieure que par des dimensions un peu moindres. Cet épiderme, comme nous l'avons indiqué, porte des poils en grande quantité; il porte aussi de petites
glandes pédicellées, et l'on y trouve des stomates qui ont de
0^{mm},020 à 0^{mm},024 de longueur. Ils ne sont pas très-nombreux,
mais il est difficile de les compter exactement, à cause de la nature de la surface où ils sont placés.

Dans l'Olivier (*Olea europæa*), on trouve un épiderme qui a
beaucoup d'analogie avec le précédent.

La face supérieure des feuilles présente un aspect brillant et
finement chagriné ; elle est glabre. L'épiderme est composé de
cellules à parois assez épaisses, eu égard surtout aux petites
dimensions de ces cellules, dont le diamètre moyen ne dépasse
pas 0^{mm},015. Il est recouvert d'une cuticule épaisse, et ne porte
pas de stomates. L'aspect argenté que présente la face inférieure
est dû à la présence d'un grand nombre de poils en écusson, qui
lui font un revêtement serré, au-dessous duquel se trouvent
les stomates en nombre extrêmement considérable. Ces petits
organes n'ont que ^{mm},02 de longueur.

Deux espèces de *Taraxacum*, le *T. Dens-leonis* et le *T. palustre*, ont des stations différentes : le premier croît pour ainsi
dire partout, souvent dans des lieux secs ; l'autre, comme son
nom l'indique, se rencontre dans les lieux humides, inondés. Si
l'on compare leurs épidermes, on trouve qu'ils sont formés tous
deux de cellules à contours sinueux, et qu'il y a des stomates sur

(1) Voy. pl. 2, fig. 33 et 34.
(2) *Ibid.*, fig. 33.

les deux faces des feuilles. Ceux-ci ont sensiblement la même grandeur, et mesurent environ 0^{mm},030 de longueur ; mais leur nombre n'est pas le même, dans les deux cas, pour une surface donnée ; on en compte à peine 200 par millimètre carré sur le *Taraxacum palustre*, tandis qu'il y en a 225 par millimètre carré sur le *Taraxacum Dens-leonis* (1) ; d'un autre côté, sur ce dernier, il est facile de remarquer que les cellules épidermiques sont moins grandes que celles du *T. palustre*, chez lequel le plus grand espacement des stomates concorde donc avec un développement plus considérable des cellules. La différence que nous avons indiquée dans le nombre de ces petits organes n'a donc rien d'absolu, en ce sens que, dans le *T. Dens-leonis*, si l'on en trouve davantage sur une surface déterminée, c'est qu'ils sont séparés par des cellules plus petites. En outre, la cuticule paraît plus marquée dans cette dernière espèce, dont les feuilles portent, principalement sur la page supérieure, des poils disséminés, tandis qu'il n'y en a pas, ou du moins qu'il n'y en a que d'extrêmement rares sur le *T. palustre*. Ces différences nous semblent manifestement dues à l'influence de la station, ce qui corroborerait l'opinion des auteurs qui réunissent en une seule espèce les divers *Taraxacum officinale* ou *Dens-leonis*, *palustre*, *lævigatum*, etc., comme le font MM. Cosson et Germain dans leur *Flore des environs de Paris* (2). Déjà Koch, dans le *Flora*, 1834, n° 6, p. 49 (3), dit avoir semé les graines du *Taraxacum palustre*, et en avoir obtenu, outre le *T. officinale*, la plupart des autres espèces. Il serait très-intéressant de rechercher si, avec les graines d'une de ces plantes, on obtiendrait des formes différentes en les faisant développer dans des conditions variées ; nous avons le regret de n'avoir pu faire à cet égard des expériences que nous nous promettons de réaliser plus tard.

On sait combien est grande souvent la difficulté de caractériser certains *Hieracium*, dont les espèces sont loin d'être délimitées de la même façon par tous les botanistes. Cela tient sans

---

(1) Voy. pl. 2, fig. 30 et 29.

(2) Cosson et Germain. *Flore des environs de Paris*, 2ᵉ édition, p. 531.

(3) Cité par Grenier et Godron, *Flore de France*, p. 517.

contredit à la variabilité de ces plantes, qui se modifient par le
fait de changements survenus dans les conditions de leur développement. Nous avons examiné l'une de ces formes, espèce
pour les uns, variété pour les autres, le *Hieracium murorum*.
Cette plante, qui habite des lieux secs et arides, a les deux faces
de ses feuilles recouvertes d'un épiderme composé de cellules
semblables, à bords sinueux (1) ; sur l'une et l'autre, on trouve
des stomates qui ont 0^{mm},028 de longueur, mais qui sont en
quantité moindre à la face supérieure où l'on en compte 75 environ par millimètre carré, tandis qu'à la face inférieure leur
nombre est de 125 au moins. Cette dernière face est aussi couverte de longs poils composés (2), qui sont beaucoup plus rares
ou manquent même complétement sur la face supérieure. Il n'y
a du reste rien d'absolu dans ces caractères ; nous avons vu les
cellules présenter des dimensions plus ou moins grandes, et le
nombre des stomates, pour une même surface, varier aussi dans
une certaine mesure par suite de cette différence dans le développement des cellules ; de même il n'y a rien de fixe dans la
quantité de poils dont ces feuilles sont pourvues.

Nous citerons, en terminant, l'épiderme des feuilles de Bourrache (*Borrago officinalis*), comme exemple de dissemblance
entre celui qui recouvre la face supérieure et celui qui recouvre
la face inférieure, dissemblance qui est en rapport intime, ainsi
que l'a démontré M. Ad. Chatin, avec la structure des parties
sous-jacentes.

Ces relations entre l'épiderme et le parenchyme des feuilles
ont été formulées par lui dans les propositions suivantes :

«1° Si les deux épidermes (celui de la face supérieure et celui
de la face inférieure) sont identiques, le parenchyme est ou homogène, ou symétrique (Monocotylédons surtout).

» 2° Si les deux épidermes sont dissemblables, le parenchyme
est à la fois hétérogène et asymétrique (la plupart des Dicotylé-
dons arborescents).

» 3° Lorsqu'un seul des deux épidermes est formé de cellules

(1) Voy. pl. 2, fig. 37.
(2) *Ibid.*, fig. 36.

sinueuses, il occupe la face inférieure des feuilles placées tout entières dans l'air et la face supérieure de celles pui flottent, appuyant sur l'eau leur face inférieure, comme c'est le cas pour les *Nymphœa*, les *Hydrocharis*, etc. (1). »

Dans la Bourrache, l'épiderme de la face supérieure des feuilles est composé de cellules limitées par des contours presque droits (2), tandis que celui de la face inférieure est composé de cellules à contours sinueux. Il y a des stomates sur les deux faces, mais en nombre inégal ; on en compte environ 300 par millimètre carré à la face inférieure, tandis qu'à la face supérieure ce nombre est de moitié seulement. Ces feuilles portent des poils nombreux, simples, monocellulaires.

Ainsi la forme des cellules, étroitement liée à la structure du parenchyme, n'est pas subordonnée à l'influence des conditions extérieures, et en effet, dans tous les groupes d'épidermes, qu'ils appartiennent à des végétaux aquatiques, à des plantes des lieux humides ou des lieux secs, nous avons rencontré des cellules sinueuses et des cellules polygonales. C'est sur d'autres caractères, grandeur des cellules, nombre relatif des stomates, apparition des poils, que cette action s'exerce d'une façon qui n'est pas douteuse.

Après l'exposé des faits, dont la comparaison et la discussion nous ont semblé propres à jeter quelque lumière sur le rapport qui existe entre les caractères de l'épiderme et le milieu ambiant, il nous reste à résumer brièvement les résultats qui découlent de cette étude :

I. Le revêtement cellulaire auquel on donne le nom d'*épiderme* existe sur toutes les feuilles, qu'elles soient aquatiques ou aériennes.

II. Cette membrane organisée subit dans sa structure des modifications souvent considérables, qui se produisent sous l'in-

---

(1) Ad. Chatin, *De l'existence de rapports entre la nature de l'épiderme et celle du parenchyme des feuilles* (*Bull. de la Soc. bot. de France*, t. IV, p. 290).
(2) Voy pl. 2, fig. 38.

fluence des conditions extérieures, et par le fait d'une adaptation de l'organisme au milieu qui l'environne.

III. Le contact de l'eau entraîne d'une manière générale la disparition des stomates.

IV. Chez les feuilles des plantes submergées, à vie complètement aquatique, le rôle physiologique des cellules épidermiques change, et la chlorophylle se développe dans leur intérieur (Potamées, Naïadées, Zostéracées).

V. Dans les plantes terrestres, cette influence des conditions extérieures sur l'épiderme agit également sur le développement des cellules épidermiques, sur l'épaisseur des couches cuticularisées, sur le nombre relatif des stomates, et peut-être aussi sur leur grandeur, enfin et surtout sur l'apparition des poils et sur leur nombre.

On voit que l'épiderme, envisagé en lui-même, et malgré la simplicité de sa structure, fournit, par les modifications que produisent en lui les actions extérieures, une preuve nouvelle à l'appui de cette harmonie nécessaire entre l'être vivant et le milieu où il est plongé, harmonie sans laquelle la vie ne saurait exister.

EXPLICATION DES PLANCHES.

PLANCHE 1.

Fig. 1. Coupe transversale d'une feuille d'*Althenia Barrandonii* Duv.-J.

Fig. 2. Épiderme extérieur des ascidies de l'*Utricularia vulgaris* L.

Fig. 3. Appendice en forme de poil qui se trouve à la face interne de ces ascidies.

Fig. 4. Épiderme qui occupe la face interne des ascidies. — *a*, cellules épidermiques; *b*, cellules formant le mamelon qui porte chacun des poils.

Fig. 5. Formations qu'on observe à la face interne des vésicules de l'*Aldrovanda vesiculosa* L.

Fig. 6. Cellules unies deux à deux, à la face externe des mêmes vésicules.

Fig. 7. Épiderme supérieur d'une feuille aérienne de *Scirpus lacustris* L.

Fig. 8. Épiderme inférieur de la même feuille.

Fig. 9. Épiderme d'une feuille submergée de *Scirpus lacustris* L. (Il est le même sur les deux faces de la feuille.)

Fig. 10. Épiderme supérieur d'une feuille immergée de *Sparganium ramosum* Huds.

Fig. 11. Même épiderme sur la partie émergée de la feuille.

Fig. 12. Épiderme supérieur d'une feuille de *Nuphar luteum* Sm.

Fig. 13. Épiderme inférieur de la même feuille.

Fig. 14. Épiderme inférieur d'une feuille nageante de *Nelumbium speciosum* Willd.
Fig. 15. Tache formée sur cet épiderme par des cellules à contenu jaune brun, réunies par groupes.
Fig. 16. Stomate sur ce même épiderme.
Fig. 17. Épiderme inférieur d'une feuille aérienne de la même plante.
Fig. 18. Épiderme supérieur d'une feuille de *Nelumbium speciosum*. Aspect des villosités.
Fig. 19. Le même épiderme montrant ses stomates.
Fig. 20. Coupe transversale de cet épiderme.
Fig. 21. Épiderme d'une feuille de *Jussiæa grandiflora* Mich. croissant dans l'eau.
Fig. 22. Épiderme d'une feuille de la même plante cultivée comme plante terrestre.

PLANCHE 2.

Fig. 23. Épiderme inférieur d'une feuille d'*Erythræa Centaurium* Pers.
Fig. 24. Épiderme inférieur d'une feuille de *Caltha palustris* L.
Fig. 25. Épiderme inférieur d'une feuille de *Rumex Patientia* L.
Fig. 26. Épiderme supérieur d'une feuille de *Cochlearia officinalis* L.
Fig. 27. Épiderme inférieur d'une feuille de *Veronica Anagallis* L. (Les cellules contiennent une certaine quantité de grains de chlorophylle.)
Fig. 28. Épiderme inférieur d'une feuille de *Mentha aquatica* L. — *p*, poil coupé à la base; *g*, glande pédicellée coupée également à la base.
Fig. 29. Épiderme inférieur d'une feuille de *Taraxacum Dens-leonis* Desf.
Fig. 30. Épiderme inférieur d'une feuille de *Taraxacum palustre* DC.
Fig. 31. Épiderme supérieur d'une feuille de *Lavandula Spica* DC. — *a*, stomates; *b*, section des pédicelles des poils ou des glandes.
Fig. 32. Poil rameux porté par cet épiderme.
Fig. 33. Coupe transversale d'une feuille de *Rosmarinus officinalis* L., 10/1.
Fig. 34. La même, 150/1.
Fig. 35. Épiderme supérieur de la même feuille.
Fig. 36. Poil composé sur les feuilles de *Hieracium murorum* Vill.
Fig. 37. Épiderme de la face inférieure de cette feuille.
Fig. 38. Épiderme supérieur d'une feuille de *Borrago officinalis* L. — *p*, poil coupé à la base.

Vu et approuvé, le 14 juillet 1874.

Le Doyen de la Faculté des sciences,

MILNE EDWARDS.

Permis d'imprimer, le 14 juillet 1874.

Le Vice-recteur de l'Académie de Paris,

A. MOURIER.

PARIS. — IMPRIMERIE DE E. MARTINET, RUE MIGNON, 2

Pl. I.

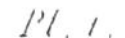

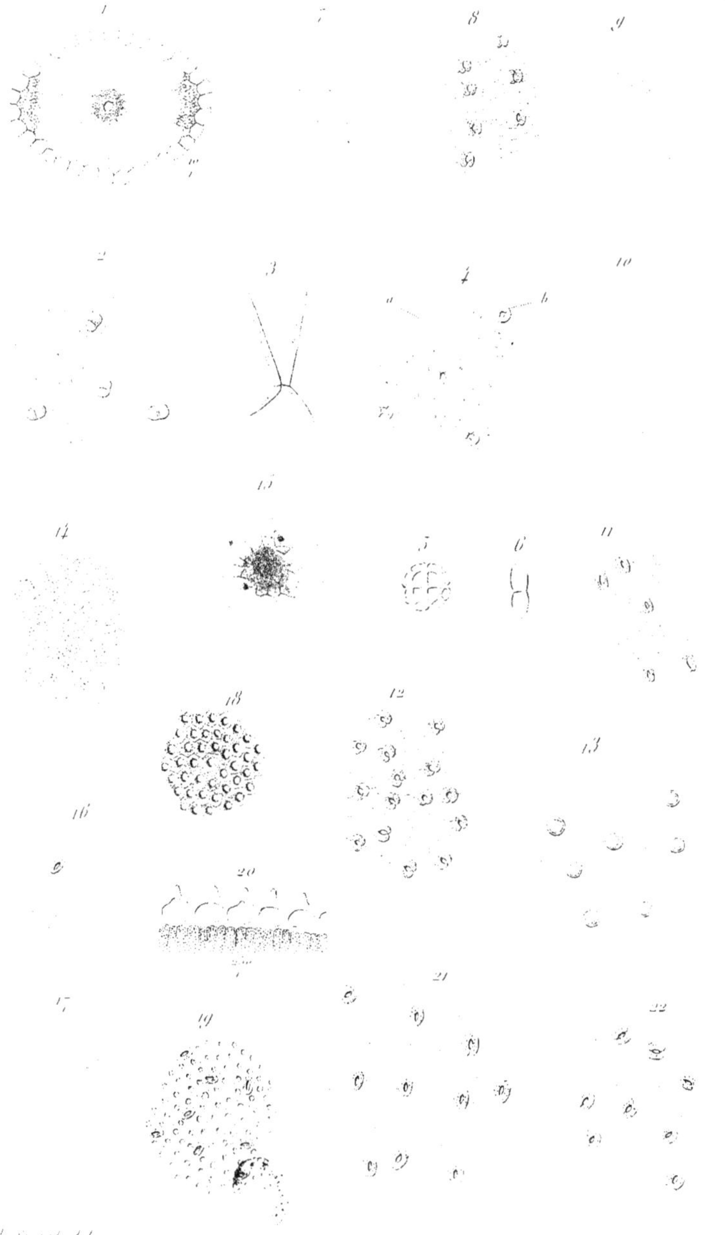

H. Sicard del. *Lagesse sc.*

Imp. Simon r. de l'Estrapade 15 Paris.